축하드립니다

님께

(이)가

{{{ 예비 엄마들과 함께했어요 }}}

짧지만 오롯이 아빠와 엄마, 아이만 생각하는 시간

강현화
하몽이 엄마

아이를 갖고 막연하게 태교해야지 생각만 하고 있었는데 좋은 기회가 생겨 알찬 태교를 했습니다. 하루 30분, 짧다면 짧은 시간이지만 온 가족이 함께할 수 있어서 행복했습니다. 무엇보다 이 책은 시집, 소설, 태교 동화책 등 따로따로 책을 구해 읽어야 하는 번거로움이 없어서 좋네요. 태교 하면 엄마가 책을 읽거나 아기용품을 만드는 게 다였는데 아빠도 같이 참여하는 태교라서 더욱 좋았고요. 아빠 목소리가 들리면 하몽이가 더 많이 움직였어요. 특히 첫째가 배 속 동생이랑 같이 듣게 읽어달라고 자기 책을 가져오기도 해서 첫째에게도 좋은 경험이 되었습니다.

다양한 문학작품을 접하며 엄마로서 크게 성장했어요

전해리
초록이 엄마

태교의 중요성은 익히 들어 알고 있었기에 처음에는 의욕적으로 시도했지만 차츰 얼렁뚱땅 넘어가거나 차일피일 미루다가 어느덧 임신 중반기에 다다랐습니다. 그동안 아이에게 아무것도 못 해준 엄마의 죄책감에 태교책 베타테스터에 응모했고 쉽고 간단하면서도 의미 있는 태교 방법이라 저 또한 기쁜 마음으로 낭독 태교를 할 수 있었습니다. 무엇보다 평소 접하기 힘들었던 다양한 장르의 글을 직접 읽고 소감을 나눌 수 있었다는 점에서 굉장한 행운이라는 생각이 들었습니다. 이때 접한 문학작품을 통해 저 또한 엄마로서, 한 인격체로서 많이 성장했고 아이를 맞이하는 마음가짐이 꽤 달라진 것도 큰 수확이었습니다.

실제 출산을 앞둔 예비 엄마들과 몇 차례에 걸쳐
이 책의 소재 선정과 실제 낭독, 필사를 하며 함께했습니다.
책이 출간된 사이 태어난 아기들도 있답니다.

용상미
새벽이 엄마

낭독 태교가 정말 효과가 있을까?

이런 의문을 가지고 낭독 태교를 시작했습니다. 그런데 소리 내어 읽는 것이 정말 신기한 자극과 기분 변화를 가져오더군요. 뇌에서 글로 인식된 이야기들이 입안에서 소리가 되어 공기 중에 메아리칠 때 기분이 편안해지고 약간은 묘한 설렘 같은 것도 느껴졌습니다. 정말 좋았던 점은 남편과 함께한다는 느낌입니다. 퇴근 후 너무 피곤해 졸리다가도 낭독을 하면, 또 남편의 낭독을 들으면 정신이 맑아졌어요. 낭독하면서 좋았던 글을 골라 필사도 했는데 거기에 제 생각과 감정까지 정리할 수 있어서 더 좋았습니다.

워킹맘이지만 쉽고 의미 깊은 필사의 매력에 푹 빠졌어요

제갈설아
쑥쑥이 엄마

필사라는 말을 처음 들었을 때 왠지 모를 끌림을 느꼈습니다. 뭔가 의미 깊은 일을 배 속에 있는 쑥쑥이와 같이 할 수 있을 것 같았거든요. 정말 힘들게 우리에게 온 쑥쑥이, 나쁜 것을 안 보여주고 안 하는 것을 넘어서 아이에게 더 좋은 일만 찾아 하고 싶었지만 스트레스를 받을 수밖에 없는 직장인의 태교이기에 욕심껏 안 되더라고요. 이제 출산일까지 두 달 정도 남았지만 그때까지 쑥쑥이와 저에게 조금 더 좋은 생각과 마음을 담아 좋은 글을 쓰는 선물을 하려고 합니다. 처음에는 필사가 힘들었지만 한 글자, 한 문장 써가니 깊은 뜻을 알게 되어 저절로 고개가 끄덕여지네요.

매일매일 조금씩, 핑계 있는 미션으로 아빠도 태교에 참여했어요

최지연
윤아 엄마

남은 임신 기간 내내 매일 조금씩이라도 아이를 위한 시간을 내자고 결심하는 순간, 첫애로 인해 엄두도 못 냈던 태교가 조금은 해볼 만하고 더 가치 있는 일로 다가왔습니다. 바쁘고 피곤한 일상에 치이면서도 늘 배 속 아이에게 말을 걸던 자상한 남편에게 낭독 태교를 하자고 원고를 디밀자 처음에는 무척이나 어색해하더군요. 그래도 핑계 있는 미션 덕에 짧은 글이라 다행이라며 소리 내어 읽어준 남편에게 감사해요. 함께 같은 글을 읽고, 같이 누워 생각을 나누던 시간들은 짧지만 너무도 좋은 추억이 되었어요. 필사 또한 낭독과 또 다른 의미에서 큰 감동을 주었습니다.

이혜진
복땡이 엄마

부모가 되는 남편 마음, 아내 마음을 서로 알아주고 위로하게 되었어요

저희는 부부가 같이 아이에게 들려주고 싶은 글을 정하고, 낭독 후 자연스럽게 글에 대해 아이에게 이야기해주었습니다. 생각보다 많은 시간이 걸리지는 않더라고요. 유난히 아빠 목소리에 더 잘 반응하는 아이가 신기해서 아빠가 낭송해준 부분을 휴대폰으로 녹음해 다음날에도 또 들었어요. 또 낭송한 글을 차분히 앉아서 글로 옮겨 적으니 내용을 더 깊게 생각하게 되더군요. 필사 후 느낀 점, 엄마의 기분을 짧게 편지 형식으로 메모해놓았는데 나중에 신랑이 그걸 보고 제 마음을 알아주더라고요. 부모가 된다는 것은 아빠에게도 엄마에게도 어려운 일이지만, 낭독 태교로 대화도 많이 하게 되어 서로의 마음을 더 잘 알게 되었어요.

엄마
마음,
태교

이유민, 강은정 엮고 쓰다

길벗

{{{ 추천글 }}}

좋은 시를 듣고 자란 아기는
한 편의 아름다운 시로 태어납니다

세상에서 가장 아름다운 선물인 아기를 품고 계실 이 땅의 산모들을 위하여 나는 늘 밝고 맑은 마음으로 기도하고 있습니다. 나도 이만큼 나이 들어서인가 세상의 모든 아기들이 갈수록 더 사랑스럽고 아기를 통해서 경이로운 생명의 신비를 묵상하곤 합니다. 그래서 아기를 낳을 산모들을 무한한 애정으로 축복하며 기도하고 싶은 마음이지요.

그간 여러 종류의 태교책들을 많이 보아왔고 추천도 하였으나 이유민, 강은정 님이 엮은 《엄마 마음, 태교》는 구성과 내용부터가 매우 새롭고 특별합니다. 엄마가 아기와 함께하는 열 달 동안 엄마가 겪는 감정의 변화로 시기를 구분해서 이에 어울리는 시, 산문, 동요를 넣고 엄마아빠가 쓰는 편지까지 곁들인 것은 매우 실제적이고도 따뜻한 시도입니다. 더구나 좋은 글귀를 소리 내어 읽어보는 것, 필사노트에 좋은 글귀들을 베끼면서 의미를 새겨보라는 구체적인 숙제는 내가 이 책의 구성에서 제일 좋아하고 추천하고 싶은 항목입니다.

제게 이런 말을 한 분이 생각나는군요.

"제가 태교를 할 때 수녀님의 동시들을 많이 읽어서인지 우리 아이가 크면서 책도 좋아하고 글도 잘 쓰고 그런답니다."

아직 세상의 빛을 보기 전의 태아에게 엄마나 아빠가 들려주는 그 목소리는 얼마나 뜻깊은 선물입니까. 날마다 좋은 생각을 하면서 좋은 시를 들려주면 태어나는 아기도 존재 자체로 한 편의 아름다운 시가 되어 엄마에게 안길 것입니다. 웃어도 울어도 사랑스럽기만 한 그 아기를 태교의 기다림 끝에 맞이한 엄마의 감동 또한 말로는 다 표현할 수 없는 한 편의 서정시, 서사시로 아름답게 피어날 것입니다.

나는 모든 이를 사랑하는 엄마의 마음으로 엄마가 되실 이 땅의 산모들에게 《엄마 마음, 태교》를 잘 활용해서 더욱 행복하고 유익한 시간을 가지라고 권하고 싶습니다. 또한 산모가 아니더라도 산모의 모든 가족들, 그리고 일반 독자들에게도 이 책의 일독을 적극 추천합니다.

이해인(시인, 수녀)

{{{ 감수글 }}}

태교는 부부의 삶이자 평생교육의 시작입니다

이 책의 첫 장을 채 읽기도 전에 부끄러운 과거들이 주마등처럼 스쳐 지나갔습니다. 요즘의 아빠들은 분만에 참여해서 탯줄을 자르고, 갓 태어난 아기들에게 인사를 나눕니다. 허나 저는 25년 전에 첫 아이를 만났을 때 그 아이에게 아무 말도 해주지 못했습니다. 17년 전에 셋째를 만났을 때도 그랬습니다. 할 말이 없었고, 그것이 당연하다고 생각했습니다. 아이들이 성장하는 동안에도 함께 있어주지 못했습니다. 배 속에서의 열 달 가르침이 스승의 십 년 가르침보다 낫다는데 함께했어야 했을 그 중요한 시기에 바쁘다는 핑계로 태교에 동참하지 않은 것이 한스럽습니다.

태교에는 여러 방법이 있고 각각의 장점들이 있습니다. 태담은 정서를 안정시키고, 자궁대화법과 이미지연상법은 지적인 능력을 향상시키며, 명상은 인간의 잠재능력을 무한하게 확대시킬 수 있습니다. 태교음악은 정서순화와 상상력 발달에 좋은 도구입니다. 태교음악이 반드시 클래식일 필요는 없지만, 음악의 엄선이 필요합니다. 2001년부터 지금까지 저희 병원에서

꾸준히 열어오는 태교 음악회에 국악 연주회도 있었는데 반응이 아주 좋았습니다.

그러나 태교는 단순히 임신기간 중에 태담이나 태교음악을 나누는 단계에서 끝나는 것이 아닙니다. 태교는 특별한 가르침이 있는 것이 아니라 부부의 삶이며 평생교육의 시작입니다. 삶이란 생각에서 비롯되고, 생각은 자신과 주변을 돌아보는 데서 시작된다고 생각합니다. 시(詩)는 가던 인생을 잠시 멈추고 생각하게 만든다고 하는데, 좋은 책 또한 그러합니다.

《엄마 마음, 태교》는 옛 선배들의 시와 문장을 가득 실어놓은 보물 창고와도 같습니다. 그것들을 낭송하고 필사하다 보면 자기성찰과 배우자에 대한 배려, 아끼는 마음들을 나누게 되어 가정이 화목해질 것입니다. 또한 엄마아빠는 물론 배 속 아이까지도 한 마음으로 교감을 나누고 소통의 경험을 쌓는 소중한 시간이 될 것입니다.

음악을 사랑하는 부모에게서 음악가가, 과학을 사랑하는 부모에게서 과학자가, 긍정적인 부모에게서 긍정적인 아이가 나옵니다. 어떤 부모가 될 것인지 부부가 함께 책을 읽으며 생각하는 계기가 되기를 간절히 바랍니다.

구자남(서울여성병원 원장)

너를 기다리며 나를 만난다

첫 아이를 처음 품에 안던 순간이 지금도 생생합니다. 아이는 여름 햇살처럼 내게 왔습니다. 눈이 부시도록 강렬하고 찬란해서 세상을 다 얻은 듯했지요. 오물거리는 입술, 보들보들한 살결, 색색거리는 숨결, 아이를 들여다보며 매일 감탄하고 매순간 감사했습니다. '아낌없이 주는 나무'가 되자고 다짐했습니다.

하지만 회사일과 육아로 숨 돌릴 틈 없는 하루들이 이어지자 몸도 마음도 조금씩 지쳐갔습니다. 내 일상과 인간관계, 정체성이 송두리째 뒤바뀌면서 나는 사정없이 흔들렸습니다. 나를 놓칠까 두려웠고 좋은 부모가 되지 못할까 불안했습니다.

환한 아기를 안고 어두운 근심에 싸여 있을 때 벼락처럼 둘째 아이가 왔습니다. 내가 한 아이도 아니고 두 아이의 부모가 돼도 되나? 수십 일째 속만 끓이던 어느 날 점심시간, 감정을 못 이겨 혼자 회사 근처 카페로 갔습니다. 울음처럼 한숨을 토해내는데 문득 벽면 가득 빼곡한 책들이 보였습니다. 아이 낳고 육아서와 그림책만 찾아 읽던 때였지만, 그날은 아이가 아닌 나를 붙잡아줄 책이 간절했습니다. 스스로 자신을 '책밖에 모르는 바보'라고 불렀던 이덕무의 짧은 자서전을 그렇게 다시 만났습니다.

처음에는 눈으로 읽다가 나도 모르게 소리 내어 읽어 내려갔습니다. 두 쪽짜리 글을 몇 번 되풀이해 읽는데, 가느다란 나의 목소리가 차츰 오감을 깨우면서 슬그머니 걱정과 근심, 불안이 사라졌습니다. 자조하는 선비 이덕무의 목소리도 예전과 달리 당차고 힘이 느껴졌습니다.

'바보면 어때. 흔들리지 말고 너를 살아. 아무리 힘들어도 스스로 충실하면 못 할 게 없어!'

간절함에는 '희망을 향한 의지'가 숨어 있음을 새삼 깨달았습니다. 그날 바로 "둘째 아이가 왔다"는 소식을 기쁜 마음으로 알렸습니다.

한껏 들떠서 '아이에게 좋은 것'만 찾아 헤맸던 첫째 때와는 달리, 둘째 아이를 기다리면서는 내가 좋아하는 고전을 다시 찾아 소리 내어 읽었습니다. 내 목소리로 다시 만난 글들은 마음 깊숙한 곳의 감정을 건드리며 나를 일으켜 세우고 용기를 주었습니다. 때때로 머릿속이 번잡해 목소리가 자꾸 잠길 때에는 마음에 드는 구절들을 노트에 옮겨 적으며 띄엄띄엄 읽기도 했습니다. 그러면 글자가 길을 잃고 헤매던 마음에 이정표처럼 안도

의 깃발이 되어주었습니다. 허공으로 흩어지는 이야기를 붙잡아둔 기쁨은 덤이었습니다. 언제고 다시 보면 그렇게 흐뭇했지요. 그때부터였습니다, 내가 천천히 깊이 읽는 '낭독과 필사의 즐거움'에 빠진 것은.

아름다운 문장과 뜻 좋은 글로 매일 나를 다독이고 아이를 축복하는 동안, 나는 태교가 '태어날 아이'가 아니라 '부모가 될 나'의 삶을 준비하는 성찰의 시간이어야 함을 깨달았습니다. 더불어 부모는 아이의 삶에 희생보다 아이를 힘껏 응원을 하며 자기 삶을 채워가야 함을 배웠습니다.

《엄마 마음, 태교》는 감수성이 최고조에 달하는 임신과 출산 시기, 엄마의 일생이 송두리째 뒤바뀌는 육아 초기에 내가 아이와 함께 나눴던 글들을 모은 책입니다. 아름다운 묘사가, 리듬감 넘치는 운율이, 숭고한 뜻이 맘에 들어 여기저기 적어놓고 읊조렸는데, 돌이켜보면 고전을 낭독하며 참 많은 변화를 겪었습니다. 남들에 떠밀려 살면서 잃어버렸던 '내면의 나'를 다시 만났고, 부끄럽지만 부족한 대로 나를 받아들였습니다. 내가 언제 행복하고 어떤 삶을 꿈꾸는지 돌아보게 되었고, 내 자신과 아이, 가족, 나아가 이웃과 더불어 어찌 살아야 할지 고민하게 되었습니다. 덕분에 세상을 한결 편안하고 당당하고 여유로운 시선으로 바라보게 되었지요. 물론 아직

도 수없이 흔들리지만, 그로 인해 내가 한 뼘 더 성장할 수 있음을 알기에 이제는 늘 감사합니다.

이 책은 나의 임신과 출산, 육아의 경험을 옆에서 지켜보며 육아서 전문가로서 많은 조언과 응원을 아끼지 않았던 강은정 선생님이 함께하여 탄생할 수 있었습니다. 산만했던 이야기가 체계적으로 정리되는 것에 새삼 감탄했습니다. 개인 취향의 글들은 길벗 베타테스터들의 수고로 조금은 객관성을 얻은 듯합니다. 이 자리를 빌어 감사의 말씀을 전합니다.

사람에게는 누구나 감탄의 욕구가 있다고 합니다. 시와 산문, 노랫말을 소리 내 읽고 쓰며 자주 감탄하길 바랍니다. 미술이나 음악 같은 다른 예술 작품들도 문학과 다르지 않을 것입니다. 읊조리든 끄적이든 '천천히 깊이' 보고 감탄하면서 내 안에 잠든 영감을 깨우고 옛 선배들의 조언을 귀담아 들어보세요. 그러면 행복한 가정, 즐거운 육아의 꿈에 좀 더 가까워지지 않을까 싶습니다.

이유민, 강은정 함께 쓰다

{{{ 차례 }}}

: 1~3개월 : 환희와 감사

: 4~5개월 : 정성과 기다림

: 6~7개월 : 응원과 격려

: 8~10개월 : 희망과 용기

{{{ 이 책의 구성 }}}

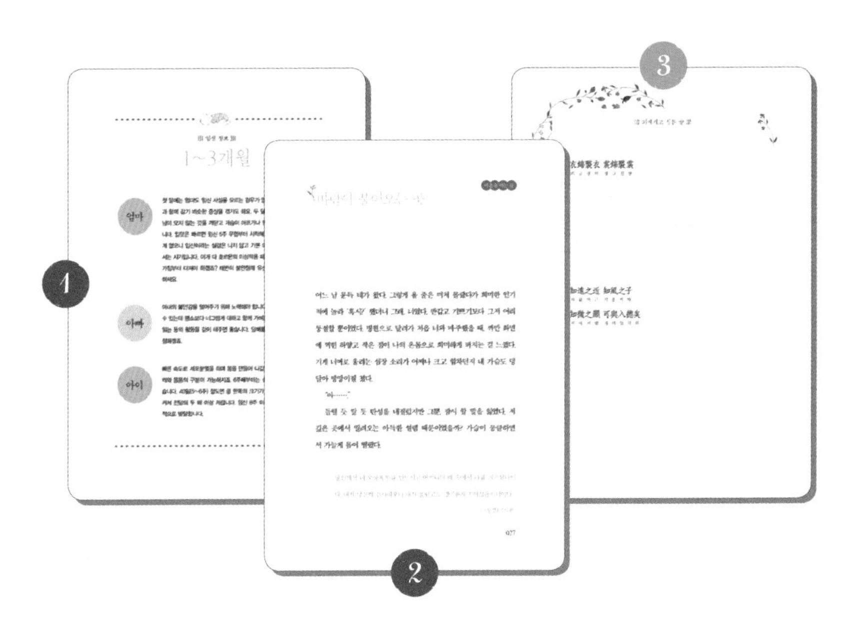

1 : 시기별 임신 정보 :

열 달 동안 한 몸에서 공존하는 엄마와 아이의 상태를 확인하고 중요한 건강 정보를 짚어봅니다. 아빠가 알아두면 좋은 정보도 함께 실었어요.

2 : 마음을 여는 글 :

아이를 기다리는 동안 나를 돌아보고 삶의 가치를 되새기며 가정의 행복을 꿈꿔봅니다. 부모의 자리를 고민하는 엮은이의 경험 속에서 지혜의 옛글을 함께 만날 수 있어요.

3 : 되새기고 싶은 글 :

내 마음을 붙잡는 옛글을 따라 쓰며 뜻을 되새겨보세요.

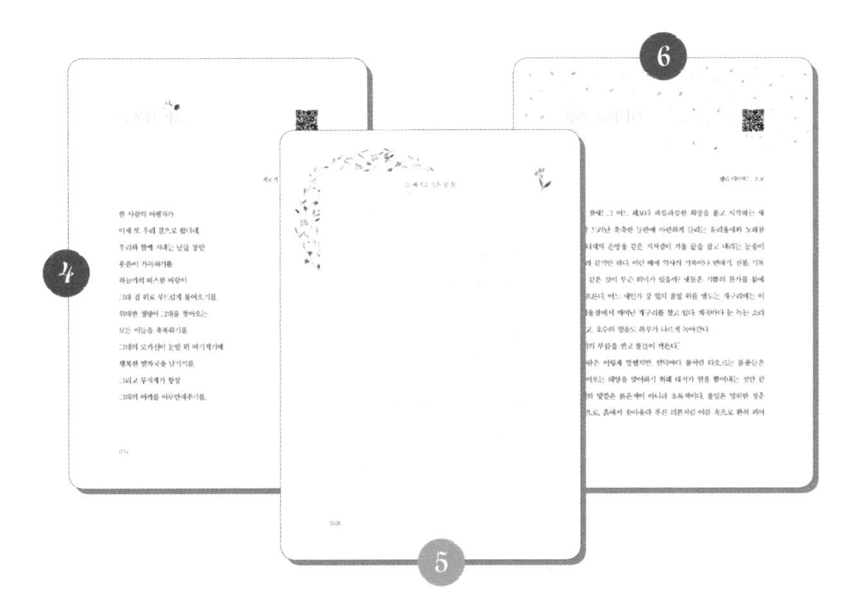

4 : 가슴을 울리는 감성 시 :
한 편의 아름다운 시가 가슴을 울리며 감탄을 자아낼 때 마음은 크게 정화되고 새로워집니다. 마음을 열고 아이와 함께 시를 읽어보세요.

5 : 베끼고 싶은 글 :
마음에 드는 시를 옮겨 적거나 내가 지은 시를 아이에게 전하세요. 이 책에 실리지 않은 좋은 시나 글귀를 적어도 좋습니다.

6 : 아름다운 문장과 뜻 좋은 글 :
시대를 초월하여 삶의 지혜와 가치가 오롯이 담긴 아름다운 글로 따뜻한 위안과 용기를 얻어보세요.

{{{ 이 책의 구성 }}}

7 : 가볍게 몸을 움직이며 읽는 동요 :

운율에 맞춰 동요를 읽으며 가볍게 몸을 움직여보세요. 아이도 좋아합니다.

8 : 엄마아빠가 쓰는 편지 :

아이가 찾아온 첫 순간의 감동, 진짜 부모가 된다는 것을 실감했을 때의 벅참과 부담감, 아이에게 전하고 싶은 얘기들을 담은 선배 엄마아빠의 편지들을 실었습니다.

9 : 함께하면 좋은 태교 정보 :

숲을 찾아가고, 음식을 가려 먹고, 여행을 하고, 명상을 하는 등 태교하는 동안 또 하나의 가족 문화를 만들어보세요.

: 좋은 문장 따라 쓰는 필사노트 :

낭독을 하다가 아이에게 전하고 싶은 말, 가족이 함께 나누고 싶은 아름다운 시와 문장을 노트에 옮겨 적어보세요. 엄마아빠가 자신을 돌아보고 기쁘고 행복한 마음으로 아이를 맞이하는 공간도 함께 마련했습니다. 아이를 기다리며 필사노트를 정성껏 채워보세요. 나중에 아이에게 좋은 선물이 될 뿐 아니라 우리 가족의 아름다운 역사가 됩니다.

: 전문 성우가 들려주는 낭독 CD :

이동 중이거나 소리 내어 책을 읽을 수 없는 상황이라면 전문 성우의 책 읽는 목소리에 귀 기울여보세요. 마음이 편안해지면서 또 다른 감동을 느낄 수 있을 거예요. 성우가 녹음한 시와 산문은 본문 속에 큐알 코드로도 제공됩니다.

낭독의 기쁨, 성찰하는 필사

사람에게는 감탄의 욕구가 있다고 합니다. 그중에서도 좋은 글을 소리 내 읽으며 얻은 감탄은 몸과 마음에 잔잔한 파장을 일으켜 영혼의 긴장을 풀어주고 영감을 깨웁니다. 불교에는 '만트라'라는 수행법이 있는데 입으로 외고 귀로 들으며 마음을 관통해 깨달음을 얻는 방법입니다. 불교뿐 아니라 다른 종교에서도 대부분 신에게 소리 내어 기도하라고 말합니다. 그만큼 소리가 갖는 힘이 크기 때문입니다. 말은 씨가 되어 새싹을 틔우고 곧 무성한 나무로 자란다는 이야기도 있습니다. 힘들여 찾은 좋은 글을 아이에게 소리 내어 정성껏 읽어주면 아이는 물론이고 부모에게도 성장의 시간이 됩니다.

낭독은 또한 바쁜 엄마아빠가 짧은 시간 마음을 모아 함께하기 좋은 태교 방법입니다. 소리는 몸에 울림을 만들어 집중도를 높이고 마음을 안정시킵니다. 단어 하나하나를 소리 내는 과정은 글 읽는 행위에 진심과 정성이 담기게 합니다. 머리가 아닌 가슴으로 책 읽기, 아이에게 말 걸기가 가능해집니다. 글 중에서 특히 좋아하는 부분, 마음에 새겨두고 싶은 구절을 또박또박 읽으며 뜻을 헤아리세요. 나와 배우자, 그리고 아이에게 명상과 성찰, 정화의 시간이 될 것입니다. 연구자들에 의하면 아기는 엄마보다 저음의 아빠 목소리에 더 반응을 잘한다고 합니다. 아빠와 함께 낭독하면 더할 나위 없겠지만, 그렇다고 남편을 옥죄지는 마세요. 마음의 평화가 최우선이니 함께하기 힘들면 엄마 혼자 하거나 전문 성우의 녹음된 음성을 활용합니다.

낭독을 하기 힘들 때면 베껴쓰기(필사)를 해도 좋습니다. 손과 입은 특히 뇌를 자극하는 신체 부위라 입속말로 웅얼거리며 필사를 하면 더욱 깊은 뜻을 깨칠 수 있습니다. 마음에 특히 남는 글은 〈좋은 문장 따라 쓰는 필사노트〉에 적어두었다가 아빠, 아이와 함께 나누어도 좋겠습니다.

고전과 시, 산문, 동요 등 시간이 흘러도 우리 맘을 어루만져주는 글에는 큰 힘이 들어 있습니다. 이 책에 실린 아름다운 문장, 뜻 좋은 글로 새 생명을 기다리는 엄마아빠가 큰 용기를 얻기 바랍니다. 무엇보다 낭독과 필사를 통해 나를 돌아보고 부모 되기에 대해 진지하게 고민했으면 합니다. 부모 마음이 올곧아야 아기도 배 속에서 자유로이 유영하면서 새로운 세계로의 여행을 준비할 수 있습니다.

낭독하기

낭독을 하려면 주변을 정돈하고 심호흡을 하며 낭독하고 싶은 부분을 훑어봅니다. 처음부터 마음을 탁 치는 글귀가 있다면 멋진 일이지만 곱씹을수록 진하게 남는 글귀도 있습니다. "한 번 읽어서 모르겠으면 열 번 읽어라, 열 번 읽어도 모르겠다면 백 번 읽어라. 그러면 저절로 깨닫게 된다"라는 선인의 말도 있습니다.

마음을 다해 낭독하다 보면 시 한 편도 시간이 제법 걸립니다. 산문의 경우, 부담 없이 읽을 분량만큼 정리해놓았지만 한 번에 다 읽으려고 애쓸 필요는 없습니다. 컨디션이 좋은 날에는 조금 더 읽어도 되지만, 부담되지 않을 정도로만 조금씩 매일 읽으세요. 그래야 낭독하며 마음의 평안함을 맛볼 수 있습니다. 아빠와 돌아가며 낭독해도 좋습니다. 낭독을 마치면 함께 이야기를 나누거나 배 속 아이와 태담을 나누세요. 매일 잠들기 전 30분, 힘들다면 적어도 일주일에 서너 번은 글을 소리 내어 읽으세요.

{{{ 낭독 스케줄 }}}

매일 어느 정도 분량을 어떤 순서로 낭독하면 좋을지 모르겠다면, 다음의 스케줄 표를 참고해서 계획을 짜보세요. 기분이나 컨디션에 맞춰 그때그때 끌리는 대로 작품을 선정해 태교 시간을 가져도 좋습니다.

첫째 달 : 〈마음을 여는 글〉 낭독부터 시와 산문을 매일 한 편씩 읽고 필사하고 동요 부르기까지 따라한다.

	월	화	수	목	금
1주	**〈마음을 여는 글〉** 낭독하기	**〈시〉** 축복의 기도	**〈산문〉** 창세가	**〈시〉** 펄펄 나는 저 새가	**〈산문〉** 개구리네 한솥밥
	오늘 읽은 부분 필사하기 + 동요 부르기				
2주	**〈시〉** 시작	**〈산문〉** 목동의 별	**〈시〉** 진정한 여행	**〈산문〉** 꽃 하나의 씨앗	**〈시〉** 돌담에 속삭이는 햇발
	오늘 읽은 부분 필사하기 + 동요 부르기				
3주	**〈산문〉** 축복의 말	**〈시〉** 봄의 연가	**〈산문〉** 인디언 어머니의 기도	**〈시〉** 너를 만나기 전에는	**〈산문〉** 사랑 사랑 내 사랑이야
	오늘 읽은 부분 필사하기 + 동요 부르기				
4주	**〈시〉** 봄의 서곡	**〈산문〉** 내가 좋아하는 달	**〈시〉** 새로운 길 하늘의 융단	**〈산문〉** 어린이 예찬	**〈마음을 여는 글〉** 의미 새기기
	오늘 읽은 부분 필사하기 + 동요 부르기				

예) 1~3개월 : 환희와 감사

둘째 달 : 〈마음을 여는 글〉을 읽고 낭독과 필사는 하되, 시와 산문 동요 부르기 등은 임의대로 해본다.

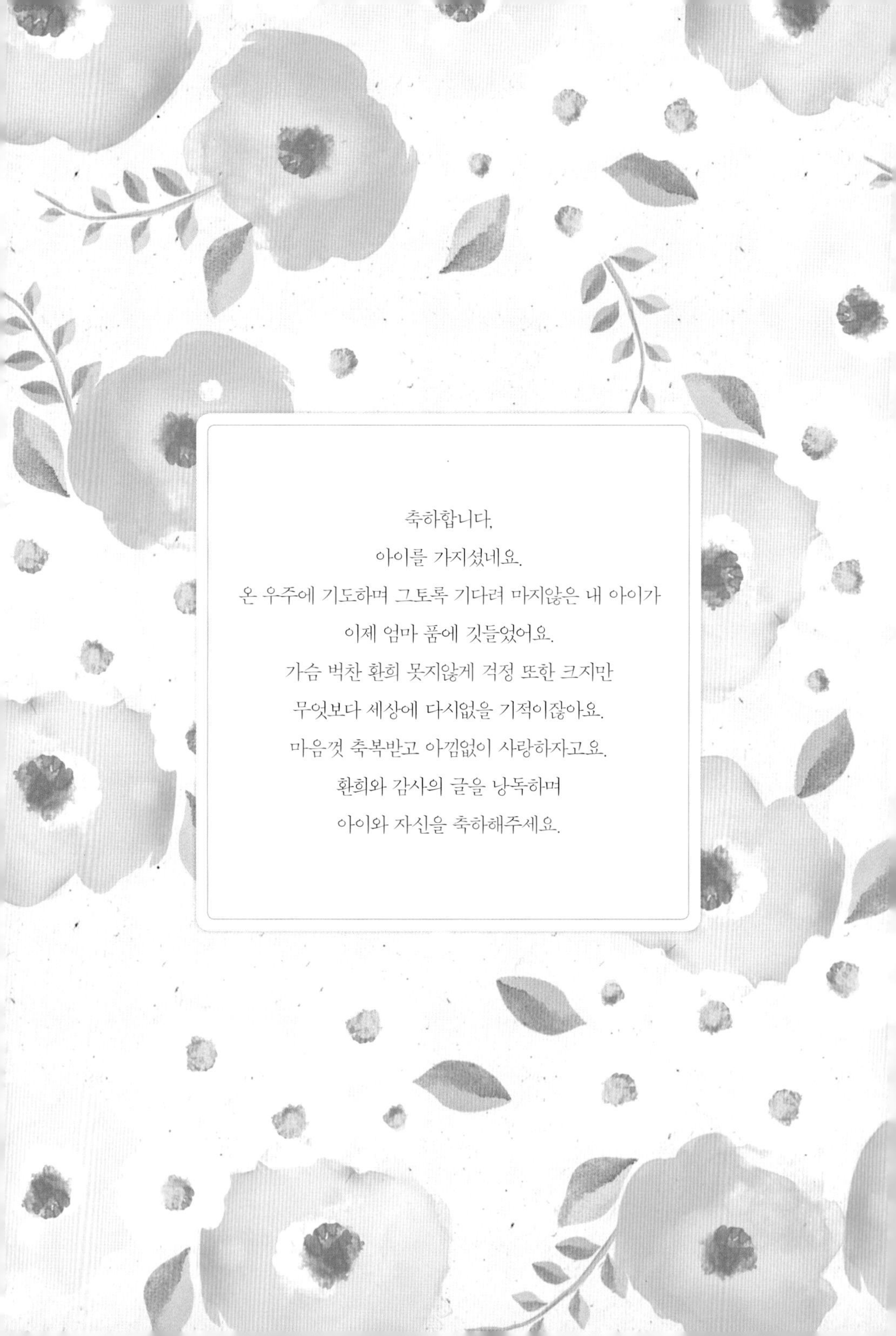

축하합니다,

아이를 가지셨네요.

온 우주에 기도하며 그토록 기다려 마지않은 내 아이가

이제 엄마 품에 깃들었어요.

가슴 벅찬 환희 못지않게 걱정 또한 크지만

무엇보다 세상에 다시없을 기적이잖아요.

마음껏 축복받고 아낌없이 사랑하자고요.

환희와 감사의 글을 낭독하며

아이와 자신을 축하해주세요.

1
장

: 1~3개월 :

환희와 감사

{{{ 임신 정보 }}}

1~3개월

엄마

첫 달에는 엄마도 임신 사실을 모르는 경우가 많지만 예민한 경우, 미열과 함께 감기 비슷한 증상을 겪기도 해요. 두 달째가 되면 매달 오던 손님이 오지 않는 것을 깨닫고 가슴이 아프거나 팽창한 느낌을 받기도 합니다. 입덧은 빠르면 임신 5주 무렵부터 시작해요. 아직 몸의 변화가 크게 없으니 임신이라는 실감은 나지 않고 기쁜 마음 조금에 걱정만이 앞서는 시기입니다. 이게 다 호르몬의 이상작용 때문이니 엄마로서의 마음가짐부터 다져야 하겠죠? 태반이 불안정해 유산의 위험이 있으니 조심하세요.

아빠

아내의 불안감을 덜어주기 위해 노력해야 합니다. 새 생명의 탄생을 감사하고 마음껏 기뻐하세요. 행복해하는 남편을 보며 아내도 불안감을 떨치고 마음을 편히 가질 수 있을 거예요. 가벼운 산책을 나가거나 책을 읽는 등의 활동을 같이 해주면 좋습니다. 담배를 끊고 술을 줄이면 금상첨화겠죠.

아이

빠른 속도로 세포분열을 하며 몸을 만들어 나갑니다. 두 달째가 되면 머리와 몸통의 구분이 가능해지죠. 6주째부터는 심장박동을 확인할 수 있습니다. 40일(5~6주) 정도면 콩 한쪽의 크기가 됩니다. 석 달째는 부쩍 커서 전달의 두 배 이상 자랍니다. 임신 8주 이후부터는 뇌세포가 폭발적으로 발달합니다.

바람이 불어오는 곳

어느 날 문득 네가 왔다. 그렇게 올 줄은 미처 몰랐다가 희미한 인기척에 놀라 '혹시?' 했더니 그래, 너였다. 반갑고 기쁘기보다 그저 어리둥절할 뿐이었다. 병원으로 달려가 처음 너와 마주했을 때, 까만 화면에 찍힌 하얗고 작은 점이 나의 온몸으로 희미하게 퍼지는 걸 느꼈다. 기계 너머로 울리는 심장 소리가 어찌나 크고 힘차던지 내 가슴도 덩달아 방망이질 쳤다.

"아……."

들릴 듯 말 듯 탄성을 내질렀지만 그뿐, 잠시 할 말을 잃었다. 저 깊은 곳에서 밀려오는 아득한 설렘 때문이었을까? 가슴이 뭉클하면서 가늘게 몸이 떨렸다.

> 당신께서 내 오장육부를 만드시고 어머니의 배 속에서 나를 지으셨나이다. 내가 당신께 감사하오니 내가 놀랍고도 경이롭게 지어졌음이니이다.
>
> -《성경》, 〈시편〉

네가 '놀랍고도 경이롭게 지어진' 존재인 건 분명했다. 그토록 아낌없는 축하와 축복을 내가 언제 받아봤으며 언제 또 받을 수 있겠는가? 너로 인해 누구보다 소중한 사람이 된 것 같았다.

나를 빛나게 해준 네가 고마웠다. 보답하듯 나는 주위에서 일러준 대로 크고 좋은 것만 먹고, 모서리엔 앉지 않고, 밝고 예쁜 생각만 하려고 애썼다. 네 마음을 편안하게 해준다는 음악을 듣고, 네 속에 잠든 잠재력을 깨워준다는 그림을 보러 다니며, 네 두뇌 계발에 좋다는 책을 찾아 읽었다. 오직 너를 위해 가는 내 걸음이 구름 위를 걷듯 허청거렸다. 그런 나를 책 속의 글귀 하나가 멈춰 세웠다.

> 비단 저고리 입고는 얇은 덧저고리 걸치고
> 비단 치마 입고는 얇은 치마 덧입어야 하네.
>
> 衣錦褧衣 裳錦褧裳
> 의 금 경 의 상 금 경 상

-《시경》3권

'비단옷의 아름다움은 첫눈에 시선을 사로잡는 화려함에 있지 않고, 얇은 겉옷 안으로 비쳐 보이는 은은함에 있다'는 말이라고 했다. 진정한 아름다움은 감출수록 드러나니 겸손하라는, 조금은 고루하고 식상해 보이는 글귀가 마음을 붙들었다.

'널 위한다는 것들이 지나치게 호들갑스럽고 가벼운 게 아닐까?'

차츰 떠들썩한 축하 인사와 넘쳐나는 태교 정보들이 부담스러워졌다. 내가 기쁜데 너를 부여잡고 허황된 욕망만 키우는 건 아닌지, 너를 만난 기쁨에 나를 놓친 건 아닌지 의심이 들었다. 너를 만나는 게 나는 왜 이토록 기쁘고 설렐까? 단지 너를 만나기 때문에?

'아, 네가 오는 순간 나도 부모라는 새로운 여행길에 첫발을 디딘 거구나! 나도 새로 태어난 거구나!'

새로운 여행을 앞둔 사람은 누구나 행복하다. 그것이 설렘과 두려움으로 불안한 행복일지라도.

내 기쁨의 이유가 거기에 있음을 깨닫는 순간, 부모로서 맞이하는 새로운 여행을 축하하고 싶었다. 험난한 시간도 있겠지만 행복한 여정이 되라고 축복하고 싶었다. 그리고 네게, 너의 존재만으로도 새로운 꿈을 꿀 수 있어 기쁘다는 고백을 하고 싶었다. 그럼 어떻게 해야 할까?

나의 진지한 고민에 답하듯 인생 선배의 멋진 지혜가 들려왔다.

공자가 말했다.

"너희는 왜 문학을 공부하지 않느냐? 문학은 감흥을 일으키고, 세상 보는 눈을 길러주며, 여럿이 어울리게 하고, 도덕적이지 않은 일을 원망할 줄 알게 한다. 가까이는 부모에게 효도하고, 멀리는 임금에게 충성하며, 더불어 새와 짐승, 풀과 나무의 이름을 많이 알게 한다."

子曰 小子何莫學夫詩 詩 可以興 可以觀 可以群
자 왈 소 자 하 막 학 부 시 시 가 이 흥 가 이 관 가 이 군

可以怨 邇之事父 遠之事君 多識於鳥獸草木之名
가 이 원 이 지 사 부 원 지 사 군 다 식 어 조 수 초 목 지 명

-《논어》〈양화 陽貨〉 편

좋은 시나 글귀가 무뎌진 감각을 되살리고 막혔던 생각에 물길을 트여준 경험이 있었다. 때때로 허하고 불안한 마음을 달래주기도 했다. 공자님 말씀대로, 문학의 힘을 믿기로 했다. 문학의 향기를 좇는 삶, 어쩌면 그 시간이 너나 내게 가장 큰 선물이 될지 몰랐다.

마음에 상쾌한 바람이 일었다. 매일 조금씩 아름다운 시와 문장, 옛 성현들의 말씀을 너와 한목소리로 울리면 어떨까? 가슴에 새길 글귀나 문장을 한마음으로 정성껏 새겨 적으면 어떨까?

아득해도 가까이 있음을 알고

바람이 시작되는 곳을 알며

숨어도 드러나는 것을 안다면

함께 덕을 이룰 수 있네.

知遠之近 知風之自 知微之顯 可與入德矣
지 원 지 근 지 풍 지 자 지 미 지 현 가 여 입 덕 의

-《중용》 33장

물속에 버려진 조약돌은 물빛을 받아 오히려 영롱히 반짝인다. 바람결에 흩어진 홀씨는 세상 곳곳에 퍼져 뿌리를 내린다. 뒷날 물에 잠기고 바람에 흩어지는 시련을 맞는다 해도, 지금 함께 나눈 기쁨과 감동이 우리를 빛나게 하고 열매 맺게 하리라고 자꾸 믿고 싶어졌다.

부모로서 감격스런 첫발을 문학의 숲에 들여놓자! 함께 나눈 문학의 시간이 출렁이듯 살아가는 우리의 앞날에 위로의 속삭임이 되고, 격려의 손길, 응원의 몸짓이 되리라 믿자. 힘겨운 날들도 있겠지만 너와 함께할 수 있어 감사하다. 이제 너는 우리 가족이 사랑을 꽃피우고 열매를 맺어야 할 이유가 되었다. 아가야, 너를 사랑한다.

공자가 말했다.

"누군가를 사랑한다는 것은 그 사람이 살게끔 하는 것이다."

子曰 愛之 欲其生
자 왈 애 지 욕 기 생

-《논어》〈안연 顔淵〉 편

衣錦褧衣 裳錦褧裳

의 금 경 의 상 금 경 상

知遠之近 知風之子

지 원 지 근 지 풍 지 자

知微之顯 可與入德矣

지 미 지 현 가 여 입 덕 의

공자가 말했다.

“너희는 왜 문학을 공부하지 않느냐? 문학은 감흥을 일으키고, 세상 보는 눈을 길러주며, 여럿이 어울리게 하고, 도덕적이지 않은 일을 원망할 줄 알게 한다. 가까이는 부모에게 효도하고, 멀리는 임금에게 충성하며, 더불어 새와 짐승, 풀과 나무의 이름을 많이 알게 한다.”

축복의 기도

수 1 - 01

— 체로키 인디언의 기도문

한 사람의 여행자가

이제 또 우리 곁으로 왔다네.

우리와 함께 지내는 날들 동안

웃음이 가득하기를.

하늘가의 따스한 바람이

그대 집 위로 부드럽게 불어오기를.

위대한 정령이 그대를 찾아오는

모든 이들을 축복하기를.

그대의 모카신이 눈밭 위 여기저기에

행복한 발자국을 남기기를.

그리고 무지개가 항상

그대의 어깨를 어루만져주기를.

펄펄 나는 저 새가

— 정약용

펄펄 나는 저 새가

우리 집 뜰 매화나무에 쉬네

꽃다운 향기 진하여

기꺼이 찾아왔구나

머물러 지내면서

집안을 즐겁게 해주렴

꽃이 활짝 피었으니

열매도 실하겠구나.

시작

수 1 - 03

— 타고르

"엄마, 난 어디에서 왔어요?"

아기가 물었습니다.

엄마는 아기를 꼭 안고 대답했지요.

"아가, 아가, 우리 아가,

오랫동안 너는 내 가슴에 숨어 있던 소망이었단다.

내가 어릴 적 소꿉질하던 인형 속에 네가 있었고,

아침마다 빚던 진흙 속에 네가 들어 있었지.

세상 모든 희망과 사랑 안에서, 나의 생명 안에서,

내 어머니의 생명 안에서 너는 살았고,

우리 집안을 보살피는 신의 무릎 위에서

너는 귀하게 길러졌단다.

내가 소녀였을 때,

내 가슴이 막 꽃피려 할 때,

너는 그윽한 향기 되어 내 마음에 떠돌았고,

너의 보드라운 피와 살은

새벽 하늘에 퍼지는 찬란한 햇빛처럼 내 몸에 넘쳤단다.

하늘에서 태어난 내 아가야!

쌍둥이 아침 해로 태어난 내 아가야!

너는 생명의 샘을 따라 흘러오다가

마침내 내 가슴에 찾아들었구나.

네 얼굴을 가만히 들여다보노라니

내 몸이 알 수 없는 신비로 휩싸였단다.

온 세상의 선물인 네가 내 아이가 되다니!

혹여 놓칠세라, 혹여 깨질세라,

감격해서 이렇게 꼭 껴안았단다."

아, 어떤 천사가 세상에서 가장 귀한 보물을

가느다란 내 팔에 안겨준 것일까요?

수 1 - 04

— 나짐 히크메트

가장 감동적인 시는 아직 쓰지 않았다.

가장 아름다운 노래는 아직 부르지 않았다.

최고의 날은 아직 살지 않은 날들

가장 넓은 바다로 아직 배를 띄우지 않았고

가장 멀리 떠나 온 여행은 아직 끝나지 않았다.

가장 뜨거운 춤은 아직 추지 않았으며

가장 빛나는 별은 아직 발견하지 않은 별

무엇을 해야 할지 막막할 때

그때 비로소 무엇인가를 할 수 있다.

어느 길로 가야 할지 막막할 때

비로소 진정한 여행이 시작된다.

돌담에 속삭이는 햇발

⚜ 1 - 05

— 김영랑

돌담에 속삭이는 햇발같이
풀 아래 웃음짓는 샘물같이
내 마음 고요히 고운 봄길 위에
오늘 하루 하늘을 우러르고 싶다

새악시 볼에 떠오는 부끄럼같이
시의 가슴 살포시 젖는 물결같이
보드레한 에메랄드 얇게 흐르는
실비단 하늘을 바라보고 싶다.

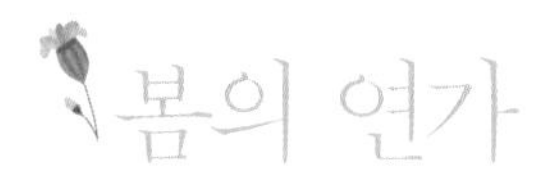

봄의 연가

1 - 06

— 이해인

우리 서로
사랑하면
언제라도 봄

겨울에도 봄
여름에도 봄
가을에도 봄

어디에나
봄이 있네

몸과 마음이
많이 아플수록

봄이 그리워서

봄이 좋아서

나는 너를

봄이라고 불렀고

너는 내게 와서

봄이 되었다

우리 서로

사랑하면

살아서도

죽어서도

언제라도 봄.

너를 만나기 전에는

1 - 07

— P. 파울라

누군가를 만나는 일이

이토록 기쁠 줄은

진정 몰랐네.

스스럼 없는 대화

부담스럽지 않은 손길

그리고 모자람 없는 믿음을

맛볼 줄은 진정 몰랐네.

나를 내주고

더 많은 것을 얻을 줄은

진정 몰랐네.

사랑한다고 말할 줄은

그대에게 그 말을 전할 줄은

그 말이 이토록 깊을 줄은

진정 몰랐네.

봄의 서곡

— 노천명

누가 오는데 이처럼들 부산스러운가요
목수는 널빤지를 재며 콧노래를 부르고
하나같이 가로수들은 초록빛
새 옷들을 받아들었습니다

선량한 친구들이 거리로 거리로 쏟아집니다
여자들은 왜 이렇게 더 야단입니까
나는 포도(鋪道)에서 현기증이 납니다
삼월의 햇볕 아래 모든 이지러졌던 것들이
솟아오릅니다

보리는 그 윤나는 머리를 풀어 헤쳤습니다

바람이 마음대로 붙잡고 속삭입니다

어디서 종다리 한 놈 포루루 떠오르지 않나요

꺼어먼 살구남기에 곧

올연한 분홍 베일이 씌워질까 봅니다.

새로운 길

— 윤동주

내를 건너서 숲으로

고개를 넘어서 마을로

어제도 가고 오늘도 갈

나의 길 새로운 길

민들레가 피고 까치가 날고

아가씨가 지나고 바람이 일고

나의 길은 언제나 새로운 길

오늘도…… 내일도……

내를 건너서 숲으로

고개를 넘어서 마을로.

하늘의 융단

— 윌리엄 B. 예이츠

낫과 밤과 어스름의

푸르고 희미하고 어두운 천을 잇댄,

금빛 은빛 수놓은,

하늘의 융단이 나에게 있다면

그대 발밑에 깔아드리련만.

허나 가난한 나는

꿈밖에 없어

그대 발밑에 꿈을 깔았으니

사뿐히 걸으소서,

그대 밟는 것 내 꿈이오니.

{{{ 베끼고 싶은 글 }}}

마음에 드는 시를 옮겨 적거나 내가 지은 시를 아이에게 전하세요.

창세가

1 - 11

— 한국 민담

하늘과 땅이 열리는 날, 미륵님이 세상에 나왔다. 미륵님이 보니 하늘과 땅이 맞붙어 있는지라 하늘은 가마솥 뚜껑처럼 들어올리고, 땅은 사방 네 귀퉁이에 커다란 구리 기둥을 세워 둘을 갈라놓았다.

그러고 보니 해도 달도 둘이었다. 미륵님은 달 하나는 떼어 북두칠성과 남두칠성을 만들고, 해 하나로는 큰 임금 별, 작은 대신 별, 잔별로 백성 별을 만들었다.

아직 불이 없는 때라 날음식을 섬들이 말들이(곡식을 재는 단위인 섬, 말로 많은 양을 먹었다는 뜻)로 먹으면서 미륵님은 왠지 석연치 않았다. 갈수록 물과 불의 근원을 찾아야겠다는 생각이 굳어졌다. 먼저 풀메뚜기를 잡아다 형틀에 매어놓고 무르팍을 때리면서 물었다.

"물과 불의 근원을 아는 대로 말하거라."

풀메뚜기가 아뢰었다.

"밤이면 이슬, 낮이면 햇살 받아 먹고사는 몸이 어찌 그 큰 도리를 알겠습니까? 제게 물으시기보다는 저보다 세상을 하루라도 더 본 풀개구리에게 물어보십시오."

미륵님은 풀개구리를 붙잡아 형틀에 매어놓고 무르팍을 때리며 물었다.

"밤이면 이슬, 낮이면 햇살 받아 먹고사는 몸이 어찌 그 큰 도리를 알겠습니까? 제게 물으시기보다는 하루이틀 먼저 세상을 본 생쥐에게 물어보십시오."

이번에는 생쥐를 끌고 와 형틀에 매어놓고 무르팍을 때리며 물으니, 생쥐가 눈만 끔벅이다 되레 물었다.

"제게 무슨 상을 내려주시겠습니까?"

"세상에 있는 모든 뒤주를 차지하게 해주겠다."

그제야 생쥐가 대답을 했다.

"금덩산에 들어가서 한쪽에는 차돌을, 다른 한쪽에는 시우쇠(무쇠를 불에 달궈 단단하게 만든 쇠붙이)를 들고 툭툭 치자 불이 일어났습죠. 소하산에 들어가 보니 샘물이 볼락볼락 솟아 물의 근원이라 할 만했습니다."

물과 불의 근원을 알고서야 미륵님은 그다음으로 인간을 만들기로 했다. 한 손엔 은쟁반, 다른 손에는 금쟁반을 들고 빌자 하늘에서 벌레가 금쟁반에 다섯 마리, 은쟁반에 다섯 마리 떨어졌다. 금쟁반의

벌레는 자라면서 남자가 되고 은쟁반의 벌레는 여자가 되었는데, 이들이 부부의 연을 맺으니 세상에 사람들이 가득 찼다.

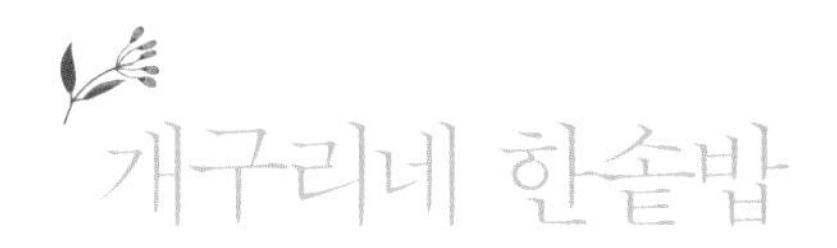

개구리네 한솥밥

1 - 12

— 백석

옛날 어느 곳에 개구리 하나 살았네. 가난하나 마음 착한 개구리 하나 살았네. 하루는 이 개구리 쌀 한 말을 얻어오려 벌 건너 형을 찾아 길을 나섰네.

개구리 덥적덥적 길을 가노라니 길가 봇도랑에 우는 소리 들렸네. 개구리 냉큼 뛰어 도랑으로 가보니 소시랑게 한 마리 엉엉 우네. 소시랑게 우는 것이 가엾기도 가엾어 개구리는 뿌구국 물어보았네.

"소시랑게야, 너 왜 우니?"

소시랑게 울다 말고 대답하였네.

"발을 다쳐 아파서 운다."

개구리는 바쁜 길 잊어버리고 소시랑게 다친 발 고쳐주었네.

개구리 또 덥적덥적 길을 가노라니 길 아래 논두렁에 우는 소리 들렸네. 개구리 냉큼 뛰어 논두렁에 가보니 방아깨비 한 마리 엉엉 우네. 방아깨비 우는 것이 가엾기도 가엾어 개구리는 뿌구국 물어보았네.

"방아깨비야, 너 왜 우니?"

방아깨비 울다 말고 대답하는 말.

"길을 잃고 갈 곳 몰라 운다."

개구리는 바쁜 길 잊어버리고 길 잃은 방아깨비 길 가르쳐주었네.

개구리 또 덥적덥적 길을 가노라니 길 복판 땅 구멍에 우는 소리 들렸네. 개구리 냉큼 뛰어 땅 구멍에 가보니 소똥구리 한 마리 엉엉 우네. 소똥구리 우는 것이 가엾기도 가엾어 개구리는 뿌구국 물어보았네.

"소똥구리야, 너 왜 우니?"

소똥구리 울다 말고 대답하는 말.

"구멍에 빠져 못 나와 운다."

개구리는 바쁜 길 잊어버리고 구멍에 빠진 소똥구리 끌어내 줬네.

개구리 또 덥적덥적 길을 가노라니 길섶 풀숲에서 우는 소리 들렸네. 개구리 냉큼 뛰어 풀숲으로 가보니 하늘소 한 마리 엉엉 우네. 하늘소 우는 것이 가엾기도 가엾어 개구리는 뿌구국 물어보았네.

"하늘소야, 너 왜 우니?"

하늘소 울다 말고 대답하는 말.

"풀대에 걸려 가지 못해 운다."

개구리는 바쁜 길 잊어버리고 풀에 걸린 하늘소 놓아주었네.

개구리 또 덥적덥적 길을 가노라니 길 아래 웅덩이에 우는 소리 들렸네. 개구리 냉큼 뛰어 물웅덩이에 가보니 개똥벌레 한 마리 엉엉 우네. 개똥벌레 우는 것이 가엾기도 가엾어 개구리 뿌구국 물어보았네.

"개똥벌레야, 너 왜 우니?"

개똥벌레 울다 말고 대답하는 말.

"물에 빠져 나오지 못해 운다."

개구리는 바쁜 길 잊어버리고 물에 빠진 개똥벌레 건져주었네.

발 다친 소시랑게 고쳐주고, 길 잃은 방아깨비 길 가르쳐주고, 구멍에 빠진 소똥구리 끌어내 주고, 풀대에 걸린 하늘소 놓아주고, 물에 빠진 개똥벌레 건져내 주고…….

착한 일 하노라고 길이 늦은 개구리, 형네 집에 왔을 때는 날이 저물고, 쌀 대신에 벼 한 말 얻어서 지고. 형네 집을 나왔을 땐 저문 날이 어두워, 어둔 길에 무겁게 짐을 진 개구리, 디퍽디퍽 걷다가는 앞으로 쓰러지고, 디퍽디퍽 걷다가는 뒤로 넘어졌네.

밤은 깊고 길은 멀고 눈앞은 캄캄하여 개구리 할 수 없이 길가에 주저앉아 어찌할까 이리저리 걱정하였네. 그러자 웬일인가, 개똥벌레

윙하니 날아오더니 가쁜 숨 허덕허덕 말 물었네.

"개구리야, 개구리야, 무슨 걱정하니?"

개구리 이 말에 뿌구국 대답했네.

"어두운 길 갈 수 없어 걱정한다."

그랬더니 개똥벌레 등불 받고 앞장서, 어둡던 길 밝아졌네.

어둡던 길 밝아져 개구리 가기 좋으나 등에 진 짐 무거워 등은 달고 다리 떨렸네. 개구리 할 수 없이 길가에 주저앉아 어찌할까 이리저리 걱정하였네. 그러자 웬일인가 하늘소 씽하니 날아오더니 가쁜 숨 허덕허덕 말 물었네.

"개구리야, 개구리야, 무슨 걱정하니?"

개구리 이 말에 뿌구국 대답했네.

"무거운 짐 지고 못 가 걱정한다."

그랬더니 하늘소 무거운 짐 받아 지고 개구리 뒤따랐네.

무겁던 짐 벗어놓아 개구리 가기 좋으나, 길 복판에 소똥 쌓여 넘자면 굴어나고 돌자면 길 없었네. 개구리 할 수 없이 길가에 주저앉아 어찌할까 이리저리 걱정하였네. 그러자 웬일인가 소똥구리 휭하니 굴러오더니 가쁜 숨 허덕허덕 말 물었네.

"개구리야, 개구리야, 무슨 걱정하니?"

개구리 이 말에 뿌구국 대답했네.

“소똥 쌓여 못 가고 걱정한다.”

그랬더니 소똥구리 소똥 더미 다 굴리어, 막혔던 길 열리었네.

막혔던 길 열리어 개구리 잘도 왔으나, 얻어온 벼 한 말을 방아 없이 어찌 찧나? 방아 없이 어찌 쓰나? 개구리 할 수 없이 마당가에 주저앉아 어찌할까 이리저리 걱정하였네. 그러자 웬일인가 방아깨비 껑충 뛰어오더니 가쁜 숨 허덕허덕 말 물었네.

“개구리야, 개구리야, 무슨 걱정하니?”

개구리 이 말에 뿌구국 대답했네.

“방아 없어 벼 못 찧고 걱정한다.”

그랬더니 방아깨비 이 다리 찌꿍 저 다리 찌꿍 벼 한 말을 다 찧었네.

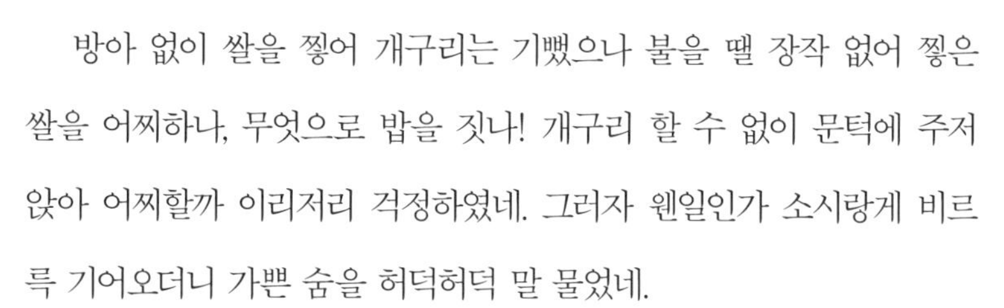

방아 없이 쌀을 찧어 개구리는 기뻤으나 불을 땔 장작 없어 찧은 쌀을 어찌하나, 무엇으로 밥을 짓나! 개구리 할 수 없이 문턱에 주저앉아 어찌할까 이리저리 걱정하였네. 그러자 웬일인가 소시랑게 비르르 기어오더니 가쁜 숨을 허덕허덕 말 물었네.

“개구리야, 개구리야, 무슨 걱정하니?”

개구리 이 말에 뿌구국 대답했네.

“장작 없어 밥 못 짓고 걱정한다.”

그랬더니 소시랑게 풀룩풀룩 거품 지어 흰 밥 한 솥 잦히었네. 장작 없이 밥을 지은 개구리는 좋아라고 뜨락에 멍석 깔고 모두들 앉히었네.

불을 받아준 개똥벌레, 짐을 져다준 하늘소, 길을 치워준 소똥구리, 방아 찧어준 방아깨비, 밥을 지어준 소시랑게, 모두모두 둘러앉아 한솥밥을 먹었네.

수 1 - 13

— 알퐁스 도데

순간 한 무리의 별똥별이 멀리서 물결치듯 우리 둘을 향해 쏟아져 내렸습니다. 빛줄기는 머리 위를 스쳐 지나가더니, 까만 밤하늘에 고운 선을 그리며 떨어졌습니다.

"저건 뭐예요?"

스테파네트 아가씨가 물었습니다.

"천국으로 들어가는 영혼이에요."

"아, 또 떨어졌어요. 이렇게 많은 별은 처음 봐요! 어쩜 저렇게 예쁠까. 저 별들 이름 다 알아요?"

"물론이죠, 아가씨. 우리 위에 있는 별들 보이세요? 은하수예요. 프랑스에서 스페인까지 뻗어 있죠. 갈리시아의 성(聖) 야곱이 왕에게 길을 안내하기 위해 그어놓은 거라고 해요. 저쪽 별 무리가 보이나요? 저건 큰곰자리, '영혼의 전차'예요. 그 앞의 별 셋은 '세 마리 짐승'이고 저 옆의 작은 별은 '마부'랍니다. 아래는 '갈퀴', 보통 '오리온'이나 '삼왕성'이라고 불러요. 양치기들에게는 시계 별이죠. 보니까 자정이 조금 지났네요. 이제 남쪽 아래를 보시면, 환하게 빛나는 별이 별들의 횃불인 '장 드 밀랑'이에요. 시리우스라고도 하죠. 저 별에 대해 양치기들 사이에 전해오는 이야기가 있답니다."

나는 장 드 밀랑의 전설을 들려주었습니다.

"어느 날 장 드 밀랑은 삼왕성, '병아리 장'과 함께 친구 별의 결혼식에 초대를 받았어요. 병아리 장은 북극성이라고 하면 아실 거예요. 병아리 장이 가장 먼저 서둘렀답니다. 집을 나서자마자 하늘 꼭대기 길로 곧장 올라갔어요. 삼왕성은 좀 낮은 길에서 열심히 병아리 장을 뒤쫓았고요. 하지만 게으름뱅이 장 드 밀랑은 그만 늦잠을 잤지 뭐예요. 장 드 밀랑은 두 별이 자기만 빼놓고 먼저 가버린 것에 화가

나 저 멀리 삼왕성을 향해 냅다 지팡이를 집어 던졌답니다. 그래서 삼왕성은 '장 드 밀랑의 지팡이'라고도 해요."

나는 말을 이었습니다.

"그렇지만 누가 뭐래도 제일 아름다운 건 '목동의 별'이에요. 어찌나 부지런한지 해가 지면 제일 먼저 나와요. 저녁에 양을 돌볼 때면 밤늦게까지 늘 함께해주는 고마운 친구죠. 우리는 '마그론'이라고도 부른답니다. 마그론은 '프로방스의 베드로'라고 불리는 토성을 쫓아가서, 칠 년에 한 번씩 결혼식을 올려요."

아가씨가 깜짝 놀라며 외쳤습니다.

"어머나, 별들도 결혼을 해요?"

"물론이죠. 별들의 결혼은……."

한참을 설명하고 있을 때였습니다. 어깨 위로 무언가 보드랍고 가벼운 것이 와 닿았습니다. 아가씨가 졸음을 못 이겨 살포시 기댄 거였습니다. 고운 머리칼이 내 어깨를 간질였고 서늘한 산들바람에 머리 위 리본이 살살 나부꼈습니다.

아가씨는 그대로 잠들었습니다. 우리는 아침 해가 솟아오를 때까지 꼼짝 않고 그렇게 있었습니다. 가끔 하늘을 올려다보면 무수한 별들이 성스러운 빛으로 지켜주고 있었습니다. 그러자 이런 생각이 들었습니다. 밤하늘에 빛나는 수많은 저 별들 중에서 가장 예쁘고 사랑스러운 별 하나가 길을 잃고 헤매다가 내 어깨에서 지친 몸을 고이 쉬고 있노라는…….

〈별〉 발췌

꽃 하나의 씨앗

⚜ 1 - 14

— 독일 동화

노란 꽃무늬 원피스를 입은 소녀가 할머니 집에 가기 위해 전철을 탔습니다. 소녀가 자리를 잡고 서자 앞자리에 앉은 아주머니 눈이 휘둥그레졌습니다.

"어머, 큰일이네. 얘, 엉덩이에 벌이 붙었어!"

"오늘 꽃무늬 원피스를 입었더니 진짜 꽃인 줄 알고 붙어왔나 봐요. 그런데 이게 왜 큰일이에요?"

소녀가 아무렇지도 않게 대꾸하자 아주머니는 오히려 더 호들갑스럽게 말합니다.

"얘, 벌은 침이 있어. 벌이 침을 쏘면 엉덩이가 퉁퉁 붓고 아플걸."

소녀는 어깨를 으쓱합니다.

"벌하고 사이좋게 지내면 쏘지 않을 거예요. 그러니 좀 조용히 해주시겠어요? 혹시라도 벌이 놀라면 안 되잖아요."

전철이 다음 역에 서자, 이번에는 좀 더 많은 사람이 밀려 들어옵니다. 사람들은 전철에 타자마자 벌을 보고는 서로 벌을 잡아야 한다고 소란을 피웁니다. 벌을 쫓아줄 테니까 엉덩이를 살짝 돌려 대라, 신문지로 확 때려잡으면 된다, 여기 빈 통에 벌을 담자, 너도나도 한마디씩 거듭니다. 하지만 소녀는 손사래를 칩니다.

"벌을 죽이면 꽃 하나의 씨앗이 사라져요. 이 벌은 제가 공원으로 데려가 놓아줄 거예요."

다시 다음 역에 도착했습니다. 이번에도 많은 사람이 탔습니다. 그러자 소녀는 조심스레 벌을 달랩니다.

"벌아! 숨이 막히고 답답하겠지만 조금만 참아. 내가 공원으로 꼭 데려가 줄게."

사람들은 소녀의 행동을 숨죽이며 지켜보면서 벌이 자기한테 날

아올까 봐 잔뜩 겁먹은 얼굴입니다. 마침내 공원이 있는 역에 다다릅니다. 소녀는 한 발 한 발 조심스레 걸으며 벌에게 얘기합니다.

"혼자서는 밖으로 나가는 길을 못 찾을 거야. 조금만 더 참아줘."

밖으로 나올 때까지 계속 벌에게 달래듯 속삭이던 소녀는 공원이 보이자 자신의 엉덩이를 손으로 탁 칩니다.

"자, 이제 가렴."

그러자 벌은 왱하고 공원을 향해 신나게 날아올랐습니다.

〈벌 한 마리의 여행〉 개작

축복의 말

— 이스라엘 민담

한 율법학자가 축복의 말을 건네기 위해 우화를 하나 들려주었다.

어떤 남자가 사막을 여행하다 몹시 지치고 심하게 목이 말랐다. 그때 저 너머에서 큰 나무가 눈에 띄었다. 가지가 무성한 나무에는 싱싱한 열매가 주렁주렁 매달려 있고, 옆으로는 작은 시내도 흘렀다.

남자는 단숨에 달려가 나무 그늘 아래서 열매도 따먹고, 시냇물에 발도 담그며 지친 몸을 쉬었다. 떠날 시간이 되자 남자는 나무에게 말했다.

"나무야, 넌 정말 아름답구나. 내가 어떤 말로 너를 축복해주면 좋을까? 사람들이 쉴 수 있는 편안한 나무 그늘을 드리우라고 축복하고 싶은데 벌써 네 그늘은 시원하구나. 맛있는 열매를 맺으라고 축복하고 싶은데 네 열매는 이미 충분히 달콤해. 신선한 물을 듬뿍 마시라고 축복하고 싶은데 네 옆에는 벌써 시내가 흐르고 있구나. 그러니 내가 해줄 축복의 말은 이것뿐이겠다. 하느님의 축복으로 네 열매가 풍성하게 달리고, 그 열매가 땅에 떨어져 많은 싹을 틔우고, 그 모두가 너처럼 훌륭한 나무로 쑥쑥 자라기를 바란다."

율법학자는 우화를 끝내고 계속해서 말했다.

"저 역시 당신에게 어떤 말로 축복을 전할지 고민스럽습니다. 최고의 축복은 무엇일까요? 학문으로 대성하길 바란다고 해야 할까요, 돈을 많이 벌라고 해야 할까요? 저는 이렇게 말하겠습니다. 하느님의 축복으로 당신의 아들딸이 당신처럼 훌륭히 성장하기를 바랍니다."

《탈무드》 발췌

인디언 어머니의 기도

中 1 - 16

— 오히예사

인디언의 삶은 생을 시작하는 첫 순간부터 경건합니다. 아이가 잉태되면 젖을 떼는 두 살 무렵까지 어머니의 영적인 가르침이 무엇보다 중요하다고 여기기에, 인디언 어머니는 임신을 하면 순결한 말과 행동, 명상을 통해 배 속의 순수한 영혼에게 위대한 신비가 그 안에 깃들어 있음을 알려줍니다. 인디언식 아이 교육은 그렇게 시작됩니다. 그래서 어머니가 되려는 여성은 사람들과 떨어져 고요하고 한적한 곳에서 장엄하고 아름다운 풍경을 눈과 마음에 담으며 홀로 생활합니다.

어머니는 거대한 숲의 적막에서, 인적이 드문 대지의 품에서 홀로 거닐며 가슴속의 시를 읽는 마음으로 기도합니다. 자신의 몸을 빌려 또 하나의 위대한 영혼이 태어나라고, 태곳적 원시 대자연에서 숭고한 꿈을 꾸는 것입니다. 그 꿈은 오롯이 혼자만의 것으로 누구도 방해할 수 없습니다. 이따금 내뱉는 소나무의 깊은 숨소리, 멀리 떨어진 폭포 소리만이 어머니를 일깨울 뿐이지요.

마침내 어머니의 삶이 새로이 열리고 새 생명이 지상으로 나오는 순간에도 어머니는 홀로 담담합니다. 아이를 받을 몸과 마음의 준비를 다했기 때문입니다. 인디언 어머니는 혼자 아이를 맞이하는 것을 자신의 가장 신성한 의무이자 최상의 길로 알고 있습니다. 다른 이들의 호기심과 동정심은 방해만 될 뿐이지요. 대자연은 어머니의 귀에 대고 외칩니다.

"이것은 사랑의 힘이다! 생의 완성이다!"

마침내 침묵을 깨고 성스런 울음과 함께 반짝이는 두 눈이 가늘게 뜨이면, 인디언 어머니는 위대한 창조의 노래를 들으며 자신의 분신을 벅찬 가슴으로 마주 봅니다. 그제야 어머니는 신비하고 사랑스런 모습으로 포대기를 안고 마을로 돌아옵니다.

연설문 〈새 생명을 잉태한 인디언 어머니〉 발췌

사랑 사랑 내 사랑이야

숙 1 - 17

— 작자 미상

저리 가거라. 가는 태도를 보자.

이리 오너라. 오는 태도를 보자.

방긋방긋 웃어라. 웃는 태도를 보자.

아장아장 걸어라. 걷는 태도를 보자.

동정호 칠백 리 달빛 아래 무산같이 높은 사랑

가없는 물결 하늘 같고 바다같이 깊은 사랑

옥산 꼭대기 달 밝은데 가을산 봉우리에 달놀이 같은 사랑

일찍이 춤 배울 때 피리 부는 이를 묻던 사랑

유유히 지는 해 달빛 스미는 주렴 사이 도리화 피어 비친 사랑

곱디고운 초승달 분같이 하얀데 교태 머금은 숱한 사랑

달 아래 삼생의 연분 너와 내가 만난 사랑

허물없는 부부 사랑

꽃비 내린 동산에 모란같이 펑퍼지고 고운 사랑

연평바다 그물같이 얽히고 맺힌 사랑
은하수 직녀의 비단같이 올올이 이은 사랑
청루 미녀의 이불같이 솔기마다 감친 사랑
시냇가 수양같이 축 처지고 늘어진 사랑
남북 창고에 쌓인 곡식같이 다물다물 쌓인 사랑
은장식 옥장식같이 모서리마다 잠긴 사랑
영산홍이 봄바람에 넘노니 노란 벌 흰 나비가 꽃을 물고 즐기는 사랑
푸른 물 푸른 강에 원앙새 두둥실 마주 떠 노는 사랑
해마다 칠월 칠석 견우 직녀 만난 사랑
육관대사 제자인 성진이가 팔선녀와 노는 사랑
산도 뽑을 기세의 초패왕이 우미인과 만난 사랑
당나라 명황제가 양귀비 만난 사랑
명사십리 해당화같이 예쁘고 고운 사랑
네가 모두 사랑이로구나.
어화 둥둥 내 사랑아
어화 간간 내 사랑이로구나.

《춘향전》〈사랑가〉 발췌

내가 좋아하는 달

— 나도향

나는 그믐달을 몹시 사랑한다.

그믐달은 너무 요염하여 감히 손을 댈 수가 없고, 말을 붙일 수도 없이 깜찍하게 예쁜 계집 같은 달인 동시에, 가슴이 저리고 쓰리도록 가련한 달이다.

서산 위에 잠깐 나타났다 숨어버리는 초승달은, 세상을 후려 삼키려는 독부가 아니면, 철모르는 처녀 같은 달이지마는, 그믐달은 세상의 갖은 풍상을 다 겪고, 나중에는 그 무슨 원한을 품고서 애처롭게 쓰러지는 원부와 같은 애절한 맛이 있다.

보름에 둥근 달은 모든 영화와 숭배를 받는 여왕 같은 달이지만, 그믐달은 애인을 잃고 쫓겨남을 당한 공주와 같은 달이다.

초승달이나 보름달은 보는 이가 많지마는, 그믐달은 보는 이가 적어 그만큼 외로운 달이다.

객창한등에 정든 임 그리워 잠 못 들어하는 분이나, 못 견디게 쓰린 가슴을 움켜잡는 무슨 한 있는 사람이 아니면 그 달을 보아주는 이가 별로 없을 것이다.

그는 고요한 꿈나라에서 평화롭게 잠든 세상을 저주하며, 홀로 머리를 풀어뜨리고 우는 청상과수와도 같은 달이다. 내 눈에는 초승달 빛은 따뜻한 황금빛에 날카로운 쇳소리가 나는 듯하고, 보름달은 쳐다보면 하얀 얼굴이 언제든지 웃는 듯하지마는, 그믐달은 공중에서 번듯하는 날카로운 비수와 같이 푸른빛이 있어 보인다.

어떻든지, 그믐달은 가장 정 있는 사람이 보거나 또는 가장 한 있는 사람이 보아주고, 또 가장 무정한 사람이 보는 동시에 가장 무서운 사람들이 많이 보아준다.

내가 만일 여자로 태어날 수 있다 하면, 그믐달 같은 여자로 태어나고 싶다.

◉ 〈그믐달〉 발췌

어린이 예찬

수 1 - 19

— 방정환

어린이가 잠을 잔다. 내 무릎 앞에 편안히 누워서 낮잠을 달게 자고 있다. 볕 좋은 첫여름 조용한 오후다.

고요하다는 고요한 것을 모두 모아서 그중 고요한 것만을 골라 가진 것이 어린이의 자는 얼굴이다. 평화라는 평화 중에 그중 훌륭한 평화만을 골라 가진 것이 어린이의 자는 얼굴이다. 아니 그래도 나는 이 고요한 자는 얼굴을 잘 말하지 못하였다. 이 세상의 고요하다는 고요한 것은 모두 이 얼굴에서 우러나는 것 같고 이 세상의 평화라는 평화는 모두 이 얼굴에서 우러나는 듯싶게 어린이의 잠자는 얼굴은 고요하고 평화롭다.

고운 나비의 나래, 비단결 같은 꽃잎, 아니아니 이 세상에 곱고 보드랍다는 아무것으로도 형용할 수 없이 보드랍고 고운 이 자는 얼굴을 들여다보라. 서늘한 두 눈을 가볍게 감고 귀를 기울여야 들릴 만큼 가늘게 코를 골면서 편안히 잠자는 이 좋은 얼굴을 들여다보라. 우리

가 종래에 생각해오던 하느님의 얼굴을 여기서 발견하게 된다. 어느 구석에 먼지만큼 더러운 티가 있느냐. 어느 곳에 우리가 싫어할 한 가지 반 가지나 있느냐. 죄 많은 세상에 나서 죄를 모르고 부처보다도 예수보다도 하늘 뜻 그대로의 산 하느님이 아니고 무엇이랴.

아무 꾀도 갖지 않는다. 아무 획책도 모른다. 배고프면 먹을 것을 찾고 먹어서 부르면 웃고 즐긴다. 싫으면 찡그리고 아프면 울고 거기에 무슨 꾸밈이 있느냐. 시퍼런 칼을 들고 핍박하여도 맞아서 아프기까지는 방글방글 웃으며 대하는 이다. 이 넓은 세상에 오직 이이가 있을 뿐이다.

오오, 어린이는 지금 내 무릎 위에서 잠을 잔다. 더할 수 없는 참됨과 더할 수 없는 착함과 더할 수 없는 아름다움을 갖추고, 그 위에 또 위대한 창조의 힘까지 갖추어 가진 어린 하느님이 편안하게도 고요한 잠을 잔다. 옆에서 보는 사람의 마음속까지 생각이 다른 번루한 것에 미칠 틈을 주지 않고 고결하게 순화시켜준다.

사랑스럽고도 부드러운 위엄을 가지고 곱게곱게 순화시켜준다.

나는 지금 성당에 들어간 이상의 경건한 마음으로 모든 것을 잊어버리고 사랑스러운 하느님—위엄뿐만의 무서운 하느님이 아니고—의 자는 얼굴에 예배하고 있다.

손뼉치기

둥그다 당딱 둥그다 당딱

에라 좋다 둥그다 당딱

이 팔 쳐라 둥그다 당딱

저 팔 쳐라 둥그다 당딱

복장 쳐라 둥그다 당딱

바닥 쳐라 둥그다 당딱

머리 쳐라 둥그다 당딱

손뼉 쳐라 둥그다 당딱

은자동아 금자동아

은자동아 금자동아 세상천지 으뜸동아

은을 주면 너를 사며 금을 주면 너를 살까

엄마에게 보배동이 할매에겐 사랑동이

자장자장 우리 아기 자장자장 잘도 잔다

높으거라 높으거라 태산같이 높으거라

어질거라 어질거라 하늘같이 어질거라

깊으거라 깊으거라 바다같이 깊으거라

개야 개야 짖지 마라 우리 금동 잠들은다

어머니의 사랑과 정성이 담뿍 담긴 우리나라 전통 자장가로,
〈은자동아 금자동아〉는 '은이나 금처럼 귀한 아기'라는 뜻이다.

소꿉놀이

가자 가자 놀러 가자

뒷동산에 놀러 가자

꽃도 따고 소꼽 놀 겸

겸사겸사 놀러 가자

복순일랑 색시 내고

이뿐일랑 신랑 내어

꽃과 풀을 모아다가

조개비로 솥을 걸고

재미있게 놀아보자

{{{ 아빠가 쓰는 편지 }}}

축복이에게

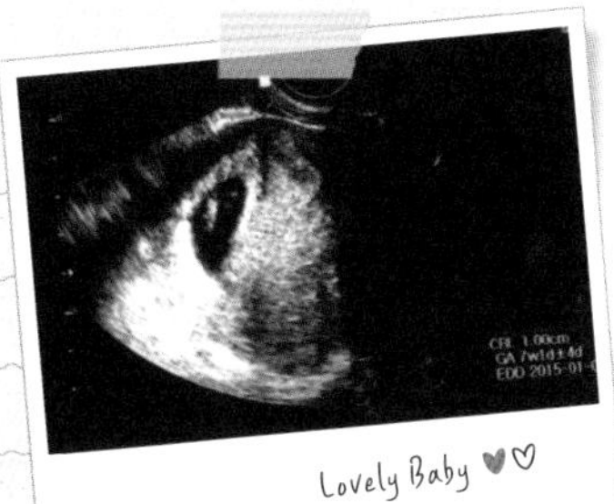

가을바람이 잦아들고 초겨울이 조금씩 짙어져 갈 때 엄마 몸에 변화가 생겼단다. 아무래도 임신 같다고 했다. 축복이를 기다리고 기대하고 있었지만, 정말로 우리 가정에 축복이가 와주었다는 게 믿어지지 않았단다. 병원에 가서 선생님께 초음파 검사를 받고, 모니터 화면에 까만 큰 점으로 축복이의 존재를 보았을 땐 가슴 깊은 곳에서 솟구치는 희열과 신비로움과 감탄을 느낄 수 있었단다. 이제 부모가 되는구나. 36년을 한 남자로 살아왔고, 1년 6개월을 남편으로 살아왔는데, 이제 남은 생은 부모로 살아가겠구나. 과연 이 느낌은 뭐지? 둘이 하나가 되어 축복이를 잉태하고, 이제는 세상에서 보편적이면서도 유일한 아빠가 될 특권을 얻었다는 게, 그리고 그 누군가가 아닌 축복이의 아빠가 될 수 있다는 게 신기하고, 감사하고, 무한 책임을 느끼게 되었단다. 축복이의 존재가 아빠에게 세상을 새롭게 보게 만든 거야.

책가방을 메고 학교에 등교하는 아이들이 눈에 들어오고 축복이의 모습을 상상해보게 된단다. 이 세상이 좀 더 안전해야 되고, 평화로워야 되겠다는 생각을 더욱 하게 된단다. 이제 아빠는 축복이가 세상에 나와 우렁차게 첫 울음을 터트려줄 순간을 기다리고 있단다. 창조주 하나님의 은혜가 축복이와 우리 가정에 늘 함께하기를 기도하면서.

축복이 아빠 윤인섭

{{{ 숲 태교 }}}

숲 태교는 맑은 공기와 함께 몸과 마음을 깨끗하게 씻어주는 피톤치드, 음이온까지 한껏 들이킬 수 있는 좋은 태교 방법입니다. 그러니 오늘은 아빠와 손잡고 수목원이나 숲을 한번 찾아보세요. 꼭 멀리 갈 필요는 없습니다. 가까운 곳이라도 충분해요.

숲에 가면 가벼운 산책, 명상, 심호흡, 마사지, 태담 등 여러 가지 활동을 해보세요. 심리적 안정감과 자존감이 회복되고 우울한 기분도 해소할 수 있습니다. 무엇보다 태아는 엄마의 산책과 복식호흡을 통해 충분한 산소를 전달받아 뇌를 발달시킨다고 해요.

남편과 함께 간단한 활동들을 해보세요.

1. 바람 느끼기

편한 신발과 헐렁한 옷을 입고 가서 숲 한가운데서 눈을 감고 바람을 한껏 느껴보세요. 바람이 내 몸을 스치고 가는 느낌은 그 무엇과도 비교할 수 없는 부드러움을 안겨줍니다.

2. 나무 껴안기

까칠까칠하지만 듬직하고 굳건한 나무를 한 품 가득 안아주세요. 몸과 마음을 기대어 나무를 쓰다듬으면서 생명의 힘을 느끼고 숨을 가득 들이쉬어 초록의 냄새도 한껏 맡아보세요.

3. 주변 소리 듣기

짐을 내려놓고 편한 장소를 택해 앉으세요. 눈을 감고 주변의 소리를 들어보세요. 나뭇잎이 바사삭거리는 소리, 물소리, 새소리, 바람 소리 등, 오감을 열고 주위의 모든 것을 아낌없이 받아들이세요.

4. 햇살 느끼며 낮잠 자기

햇빛에는 마음을 즐겁게 해주는 성분이 들어 있다고 하잖아요. 하루 5~10분 정도라면 자외선의 나쁜 영향 이상으로 좋은 효과를 볼 수 있어요. 나무 아래에서 신선한 공기를 마시며 햇볕을 쬐어보세요. 잠깐 낮잠을 자도 좋아요.

모든 태교는 '엄마 마음 편하게 하기'가 기본입니다. 아빠와 함께 운동 삼아 근처 산이나 공원이라도 나가세요. 마무리로 가볍게 스트레칭하고 물 한 잔 마시면 끝.

서서히 차오르는 기대만큼 조심스러워지는 몸가짐,
이제야 아이가 실감 나기 시작합니다.
한편으로 청춘의 한 자락을 떠나보내야만 하는 듯한
불안과 두려움이 생기기도 합니다.
나를 잃지 않으면서도 내 안에 품은 작은 보석을
소중히 지켜내는 방법은 무엇일까요?
정성과 기다림으로 아이가 태어나듯
아내와 남편도 한 여자와 남자에서 부모로
다시 태어날 준비를 해야 합니다.

2
장

: 4~5개월 :

정성과 기다림

{{{ 임신 정보 }}}

4~5개월

엄마

자궁이 커지면서 방광을 압박해 소변이 자주 마려워집니다. 가슴도 커지고 배가 살짝 나오는 시기이기도 하죠. 보통 입덧이 끝나 음식이 당기기 시작합니다. 체질에 맞는 정결한 음식을 먹으며 음식 태교에 신경을 쓰세요. 5개월 말부터는 태동을 느낄 수 있어요. 직장생활을 하는 엄마라면 오래 서 있지 않도록 주의하고 앉을 때도 바른 자세를 취하려 노력하며 자주 자세를 바꿔주세요. 규칙적인 생활과 함께 간단한 체조나 마사지로 몸의 긴장을 풀고 가벼운 산책을 해주면 좋습니다.

아빠

엄마 몸의 변화를 통해 아빠도 더욱 아기가 실감이 납니다. 엄마가 충분히 영양을 섭취해야 하니 임산부에게 좋은 음식을 찾아 가끔 외식을 해보세요. 철분제와 비타민 섭취가 중요하니 의사와 상의해 엄마에게 선물로 준비하면 어떨까요? 집안일을 더 적극적으로 같이 하고 엄마가 마음의 안정을 찾도록 대화도 많이 해주세요.

아이

5개월째는 청각과 시각이 크게 발달하므로 본격적인 태담을 시작해야 합니다. 엄마와 아빠가 부드러운 음성으로 대화하고 아이에게 말을 걸어주세요.

기분 좋은 생각의 길

시간이 흐를수록 네가 보고 싶었다. 내 속의 네가 몹시도 그리웠다. 너만 생각하면 괜히 웃음부터 났다.

'방긋방긋 미소 짓는 얼굴이 얼마나 예쁠까? 까르륵 웃는 소리는 또 얼마나 귀여울까? 새근새근 자는 모습을 보면 하루의 피곤이 다 날아가겠지? 투명하고 보들보들한 살결, 작고 앙증맞은 손과 발……'

그리워하는 시간들이 쌓이면서 하나둘 소망이 피어났다.

'환히 밝힌 우리 집 창문에 웃음꽃이 만발했으면! 우리 집 지붕 위로 행복의 무지개가 늘 걸려 있었으면! 낮은 울타리 너머로 아이들의 재잘거리는 소리가 끊이지 않았으면……'

꿈꾸듯 상상의 나래를 펼치다가 불현듯 깨달았다. 지금까지 내가 가정의 행복을 간절히 바란 적이 있었던가? 늘 한 발짝 떨어진 채 어려서는 부모님이, 결혼해서는 배우자가 알아서 해주려니 기다리지 않았나?

네가 오면서 내가 달라졌다. 간절히 행복한 가정을 꾸리고 싶어졌다. 낯설고 어색했지만, 새삼 가족이 무엇인지 궁금해졌다.

한 집에 살면서
즐거울 때 함께 즐거워하고
괴로울 때 함께 괴로워하며
일할 때 뜻을 모아 함께하는 것을
'가족'이라고 한다.

-《잡아함경》

한울타리 안에서 서로를 다독이고 북돋우며 '함께'하는 게 가족이라는, 이미 잘 아는 얘기였다. 하지만 잠시 돌이켜보니, 나는 가족의 울타리 안에서 더 사랑받고 위로받고 배려받고 싶어서 투정 부린 기억밖에 없었다. 베풀고 나누며 함께한 추억이 별로 없었다. '부부'의 이름을 얻었을 때도 마찬가지였다. 이해받기만 바라며 내 한 몸 챙기는 것에 더 열중하고 버거워했다.

'혼자 누리던 자유보다 더불어 이루는 즐거움을 더 값지게 여길 수 있을까? 서로 보듬으며 붙잡아줄 단단한 힘이 내게 있을까?'

기쁨 사이로 두려움이 비집고 들어왔다.

머무를 곳을 안 뒤에야 자리를 잡으니,

자리를 잡은 뒤에는 마음이 차분해진다.

차분해진 뒤에야 편안해질 수 있으니,

마음이 편안해진 뒤에는 깊이 헤아릴 수 있으며,

깊이 헤아리고 나서야 얻을 수 있다.

知止而後有定 定而後能靜
지 지 이 후 유 정 정 이 후 능 정

靜而後能安 安而後能慮 慮而後能得
정 이 후 능 안 안 이 후 능 려 려 이 후 능 득

-《대학》1장

'머무를 곳을 안 뒤'라는 말에 눈길이 머물렀다. 직장인, 자식, 아내의 자리도 모두 내가 있을 곳이지만, 한 생명을 품은 '부모의 자리'만큼 가치 있는 일이 있을까 싶었다. 그런데도 준비 없이 '부모'라는 삶의 여행길에 덜컥 올랐으니 불안한 게 너무나 당연했다.

새로운 여행이 내 앞에 펼쳐진 순간에는 꽃비라도 만난 듯 얼마나 설레었던가. 가슴 떨렸던 순간을 기억하며 이제는 불안을 떨쳐내야 했다. 부모의 자리에 굳건히 버티고 서서 부부가 힘을 합해 '가정의 행복'을 일궈야 했다. 얻고자 하면 깊이 헤아려야 한다 했으니……. 덧붙이듯 인생을 깊이 성찰한 독일의 한 소설가도 귀띔해주었다.

인생에 주어진 의무는 다른 게 없다. 그저 행복하라는 한 가지뿐.

우리는 행복해지기 위해 세상에 왔다.

- 헤르만 헤세(독일의 대문호)

'행복이 뭘까? 어떻게 해야 행복할까? 그런데 난 언제 행복했지?'

널 만나던 날이 가장 먼저 떠올랐다. 그즈음 여러 날 앓았다. 몸에 익지 않은 집안일과 쉼 없이 밀려드는 회사 일에 짜증은 치솟고 우울했다. 아픈 몸을 끌고 간 병원에서 네 소식을 듣는데, 순간 마음 깊이 햇살이 들어와 비쳤다.

그 뒤로 그저 감사했다. 지치고 아파도 감사했고, 서운해서 훌쩍이면서도 감사했다. 억울하고 불쾌했다가도 금세 다시 감사했다. 생활은 달라진 게 없는데 기분은 둥실 떠다니는 듯했다. 새로 맞이하는 가족, 새로운 삶에 대한 꿈이 마음 가득 차올라서였을까?

만족을 아는 사람은 가난하고 천하여도 즐겁고,

만족을 모르는 사람은 부유하고 귀하여도 근심한다.

知足者 貧賤亦樂 不知足者 富貴亦憂
지족자 빈천역락 부지족자 부귀역우

-《명심보감》〈안분 安分〉편

대답처럼 떠오른 글이었다. 흔히 행복은 마음먹기에 달렸다고 한다. 하지만 마음먹고 작정한다고 만족을 알 수 있을까?

감정의 울림은 절로 일어나는 솔직한 속내다. 밝든 어둡든 크든 작든 경쾌하든 묵직하든, 다 내 안의 소리다. 그런데도 나는 밝고 경쾌한 소리만 들으려고 애썼다. 어둡고 묵직한 울림에는 몸을 사렸고 일상의 소소한 울림은 가볍게 무시했다. 그게 험한 세상 둥글게 살아가는 지혜라 여기면서. 감정의 울림을 내 편의대로 적당히 뭉뚱그렸더니 만족은커녕 오히려 내 마음도, 감정도 도통 모르게 되었다.

'마음먹어서 만족하는 게 아니라면 보통 때는 어떻게 만족해야 하지? 괴롭고 힘들 때는?'

답답했다. 어떻게 늘상 만족하며 행복할 수 있을까? 고민의 무게가 버거웠다. 행복, 몰라도 그럭저럭 살 만했는데……. 괜한 집착이 아닐까 후회가 밀려왔다.

> 우리는 행복을 창조하는 기술을 배워야 한다.
> 어린 시절 엄마아빠가 가족의 울타리 안에서 행복을 만드는 모습을
> 보았다면 우리는 이미 어떻게 해야 할지를 알고 있다.
>
> – 틱낫한(베트남 승려)

크게 숨을 들이마셔 가슴을 부풀렸다. 행복의 기술, 내가 얻지 못하면 너 역시 얻기 힘들 게 분명했다. 우리 가정의 행복도 남의 얘기가 되어버린다. 버겁더라도 끈질기고 집요하게 매달려야 했다. 너를 위해서, 우리 가정을 위해서, 무엇보다 내가 잘 살기 위해서.

'그래, 무엇보다 내가 잘 살기 위해서!'

갑자기 마음이 환해졌다. '만족을 안다'는 건 감정의 울림을 원하는 대로 골라 듣는 것이 아니라, 좋지 않은 감정이라도 기꺼이 받아들이며 스스로 흡족할 만한 생각을 끄집어내는 것, 거기에서 행복의 실마리를 찾을 수 있을 것 같았다.

'어떠한 감정이라도 생각의 길을 따라 기분 좋은 메아리를 일으키자! 우리 가족을 위해서라도 내가 행복해지자!'

정답일지 몰라도 나만의 해답을 찾은 듯 뿌듯했다. 깨달음에서 오는 감사함, 행복은 여기에서 싹이 트고 가지를 뻗는 듯했다.

이제 누군가 내게 행복을 묻는다면 '감정을 제대로 알고 기꺼이 받아들여서, 그 안에서 기쁨을 찾는 것. 그리고 감사하며 함께 나누는 것'이라고 말하겠다. 그리고 네게 바라건대, 그렇게 나누다가 깊어지고 넓어지면 그 깊이와 넓이로 세상을 품고 살았으면 좋겠다. 그리고 네게 주어진 의무대로 행복하게 살았으면 좋겠다. 나 역시 앞으로 너와 함께 그렇게 살기를 꿈꾼다.

처음에는 우리들의 문학 수업으로 '어울려 뒹구는 즐거움'을 나누기를 바랐는데, 거기에 바람이 하나 더 생겼다. 나누어서 깊고 넓어진 사랑! 머지않아 함께 웃고 나누며 사랑할 우리를 상상하니 가슴이 뛰었다. 기운이 솟았다. 성실한 자세로 감사하고 사랑하며 행복의 길, 생각의 길을 닦아 나가자, 지혜롭게 살다 간 인생 선배들처럼.

공자가 말하였다.

"증자야, 내 도(道)는 하나로 꿰뚫어져 있다."

"예, 알고 있습니다."

공자가 밖으로 나가자 다른 제자들이 증자에게 물었다.

"방금 선생님께서 하신 말씀이 무슨 뜻인가?"

"선생님의 도는 성실함(충)과 사랑함(서)이 전부일 뿐입니다."

子曰 參乎 吾道一以貫之 曾子曰 唯
자 왈 삼 호 오 도 일 이 관 지 증 자 왈 유

子出 門人問曰 何謂也 曾子曰 夫子之道 忠恕而已矣
자 출 문 인 문 왈 하 위 야 증 자 왈 부 자 지 도 충 서 이 이 의

-《논어》〈이인 里仁〉 편

행복에 이르는 길의 비밀은 바로 결단과 노력, 그리고 시간이다.

- 달라이 라마

靜而後能安
정 이 후 능 안

安而後能慮
안 이 후 능 려

慮而後能得
려 이 후 능 득

知足者 貧賤亦樂
지 족 자 빈 천 역 락

不知足者 富貴亦憂
부 지 족 자 부 귀 역 우

인생에 주어진 의무는 다른 게 없다. 그저 행복하라는 한 가지뿐.
우리는 행복해지기 위해 세상에 왔다.

우리는 행복을 창조하는 기술을 배워야 한다.
어린 시절 엄마아빠가 가족의 울타리 안에서 행복을 만드는 모습을 보았다면 우리는 이미 어떻게 해야 할지를 알고 있다.

— 유치환

사랑하는 것은

사랑을 받느니보다 행복하나니라

오늘도 나는

에메랄드빛 하늘이 환히 내다뵈는

우체국 창문 앞에 와서 너에게 편지를 쓴다

행길을 향한 문으로 숱한 사람들이

제각기 한 가지씩 생각에 족한 얼굴로 와선

총총히 우표를 사고 전보지를 받고

먼 고향으로 또는 그리운 사람께로

슬프고 즐겁고 다정한 사연들을 보내나니

세상의 고달픈 바람결에 시달리고 나부끼어
더욱더 의지 삼고 피어 헝클어진 인정의 꽃밭에서
너와 나의 애틋한 연분도
한 망울 연연한 진홍빛 양귀비꽃인지도 모른다

사랑하는 것은
사랑을 받느니보다 행복하나니라
오늘도 나는 너에게 편지를 쓰나니

그리운 이여, 그러면 안녕!
설령 이것이 이 세상 마지막 인사가 될지라도
사랑하였으므로 나는 진정 행복하였네라.

호수

2 - 02

— 정지용

얼굴 하나야
손바닥 둘로
폭 가리지만,

보고 싶은 마음
호수만 하니
눈 감을밖에.

뒤에야 然後

⚜ 2 - 03

— 진계유

고요히 앉아보고 나서야

평소 생활이 경박했음을 알았다.

침묵하고 나서야

지난날의 언어가 소란스러웠음을 알았다.

일을 줄이고서야

시간을 무의미하게 흘려보냈음을 알았다.

문을 닫아걸고 나서야

앞서의 사귐이 지나쳤음을 알았다.

욕심을 버려서야

그간 저지른 잘못이 많았음을 알았다.

마음을 쏟고 나서야

평상시 마음 씀이 각박했음을 알았다.

사랑은 우리만의 역사

2 - 04

— 바브 업햄

사랑엔 시간이 필요해요.

마음과 마음을 주고받으며

울고 웃는 역사가 필요해요.

온 정성을 다해

귀 기울이는 마음이 중요해요.

그 사람의 행복과

편안한 울타리를 위해서라면

기쁜 마음으로 나서서 받아들여야 해요.

그래서 때로 사랑은 아프지요.

맞부딪치고 번뇌하면서 그렇게

뿌리를 뻗어 가고 있음을 깨닫는 게 사랑이죠.

서로 멀어져 서먹할 때도 있겠지만

사랑은 약속이에요.

그 사람을 믿고 모든 것을

견뎌내겠단 약속 말이에요.

남편

— 문정희

아버지도 아니고 오빠도 아닌
아버지와 오빠 사이의 촌수쯤 되는 남자
내게 잠 못 이루는 연애가 생기면
제일 먼저 의논하고 물어보고 싶다가도
아차, 다 되어도 이것만은 안 되지 하고
돌아누워 버리는
세상에서 제일 가깝고 제일 먼 남자
이 무슨 원수인가 싶을 때도 있지만
지구를 다 돌아다녀도
내가 낳은 새끼들을 제일로 사랑하는 남자는
이 남자일 것 같아
다시금 오늘도 저녁을 짓는다
그러고 보니 밥을 나와 함께
가장 많이 먹은 남자
전쟁을 가장 많이 가르쳐준 남자.

나는 들었네

— 척 로퍼

나무가 하는 말을 들었네.

우뚝 서서 세상에 몸을 맡겨라.

굽힐 줄 알아라, 너그럽게.

하늘이 하는 말을 들었네.

마음을 열어라, 경계와 담장을 허물고.

태양이 하는 말을 들었네.

다른 이들을 돌아봐라.

너의 따스함을 기꺼이 나누어라.

냇물이 하는 말을 들었네.

흘러가는 대로 느긋하게 따라가라.

쉬지 말고 움직여라, 머뭇거리거나 두려워 말고.

작은 풀들이 하는 말을 들었네.

겸손하라. 단순하라.

작은 것들의 아름다움에 귀를 기울여라.

삶은 작은 것들로 이루어지네

2 - 07

— 메리 R. 하트먼

삶은 작은 것들로 이루어지나니,

고귀한 희생이나 의무가 아니라

미소와 따뜻한 말 한마디가

우리 삶을 아름답게 채우네.

때때로 가슴앓이를 하기도 하지만

축복의 다른 얼굴일 뿐

시간이 책장을 넘기면

놀라운 기적을 보여주리.

— 미야자와 겐지

비에 지지 않고

바람에도 지지 않고

눈보라와 뙤약볕에도 지지 않는

튼튼한 몸을 가지고

욕심 없이

언제나 화내는 법 없이

조용히 미소 지으며

하루 세끼 현미밥에

된장과 나물을 조금 먹으며

모든 일에

이익을 따지지 않고

잘 보고 들어 깨달아

잊지 않고

소나무 숲 속 그늘에

조그만 초가지붕 오두막에 살며

동쪽에 병든 아이가 있으면

찾아가서 간호해주고

서쪽에 고달픈 어머니가 있으면

가서 대신 볏단을 져주고

남쪽에 죽어가는 사람 있으면

가서 무서워 말라고 위로하고

북쪽에 싸움과 소송이 있으면

쓸데없는 짓이니 그만두라 이르고

가뭄이 들면 눈물을 흘리고

추운 여름엔 허둥대며 걷고

누구한테나 바보라 불리고

칭찬도 듣지 말고

폐도 끼치지 않는

그런 사람이

나는 되고 싶다.

아기의 장난감

— 타고르

아가야,

알록달록한 장난감을 네게 주면서 나는 깨달았단다.

어째서 구름 위, 물 위에서 수많은 빛깔의 향연이 펼쳐지는지를.

어째서 꽃들이 짙고 엷은 색깔로 단장하는지를.

아가야,

너에게 예쁜 색깔의 장난감을 주면서 말이야.

너를 춤추게 하려고 노래하면서 나는 정말로 알게 되었단다.

어째서 나무 잎새들이 음악을 연주하는지를.

어째서 파도들이 귀 기울이는 대지의 가슴에

합창 소리를 전해주는지를.

너를 춤추게 하려고 노래하면서 말이야.

욕심쟁이 너의 손에 달콤한 사탕을 쥐어주면서 나는 알게 되었단다.

어째서 꽃봉오리가 꿀이 있는지를.

어째서 과일은 아무도 모르게 달콤한 과즙을 머금은지를.

욕심쟁이 너의 손에 달콤한 사탕을 쥐어주면서 말이야.

사랑하는 아가야,

웃음꽃 피는 네 얼굴을 보려고 입 맞추면서 진정 깨달았단다.

햇빛 비치는 아침의 하늘에서 여울져 쏟아지는 기쁨이 어떤 것인지를.

여름날의 산들바람이 선물하는 즐거움이 어떤 것인지를.

웃음꽃 피는 네 얼굴을 보려고 입 맞추면서 말이야.

사랑하게 하소서

수 2 - 10

— 작자 미상

당신이 나를 사랑하시니
나도 당신을 사랑하게 하소서.

나를 사랑하시는 당신의 피 흘림
내게도 흐르게 하시고
그 피 흘림으로 아내를 사랑하게 하소서.

적막한 마을에
외로운 나를 맞아 허리 구부리고 사는
아내를 내가 사랑하게 하소서.

내가 아내를 사랑하므로
당신이 나를 사랑하시는 그 깊이를
내 가슴에 새기게 하소서.

당신의 사랑은 내게로 오고
내 사랑은 아내에게로 가게 하소서.

그러나 신이시여
당신도 내 아내를 사랑하시므로
당신 사랑과 나의 사랑에 싸여
환하게 웃는 아내의 웃음을 보게 하소서.

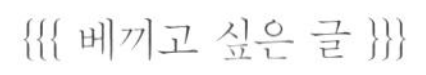
{{{ 베끼고 싶은 글 }}}

마음에 드는 시를 옮겨 적거나 내가 지은 시를 아이에게 전하세요.

개구리의 여름 휴가

수 2 - 11

— 프랑스 동화

개구리가 바다로 여름 휴가를 떠납니다. 낡고 작은 차에 천막과 먹을거리, 그릇, 냄비, 이불까지 한가득 싣고는 휘파람을 불면서 출발합니다.

얼마쯤 갔을까, 달팽이 한 마리가 길거리에서 울고 있네요. 개구리는 차를 멈추고 묻습니다.

"달팽이야, 왜 우니?"

"바다가 보고 싶은데 기어갈 힘이 없어서 울어."

개구리는 한참을 망설이다가 달팽이를 차에 태우기로 마음먹습니다. 그러려면 물건 하나를 버려야 합니다. 개구리는 그릇과 냄비를 길가에 내려놓고 달팽이를 태웁니다. 이제 개구리와 달팽이는 신나게 차를 몰고 갑니다.

얼마쯤 갔을까, 거북이 길 한복판에서 울고 있네요. 개구리는 차에서 내려 묻습니다.

"거북아, 왜 우니?"

"바다에 가려는데 다리가 아파서 울어."

개구리는 머리를 긁적이더니 이번에는 이불을 내려놓고 거북을 차에 태웁니다.

또 얼마큼 갔을까, 날개를 늘어뜨리고 울고 있는 참새 가족을 만납니다. 날개가 아파 더는 못 나는 참새를 위해, 개구리는 천막을 버리고 참새 가족을 태웁니다. 여기서 끝일까요?

작은 언덕 아래에 이르러서는 판다 곰을 만납니다. 개구리는 마지막 짐인 먹을거리마저 길가에 내려놓고 판다 곰을 낑겨 태웁니다.

마침내 아무것도 없이 개구리, 달팽이, 거북, 참새 가족, 판다 곰은 바닷가에 도착했습니다. 자, 이제 어떡하죠? 배도 고프고 잘 데도 없습니다.

하지만 걱정할 게 없습니다. 개구리에겐 친구들이 있으니까요.

달팽이가 모래밭에 들어가 조개를 파오는 동안, 거북은 집을 짓고, 참새 가족은 잠자리를 만들고, 판다 곰은 물을 길어옵니다. 동물 친구들은 서로 도우며 신나게 여름 휴가를 즐겼답니다.

〈피서 가는 개구리〉 개작

한여름 밤의 축가

— 윌리엄 셰익스피어

열두 시를 알리는 종소리가 울렸다. 세 쌍의 신혼부부는 제각각 자기들 신방으로 들어갔다. 모두 잠들자 요정들이 나타났다. 오베론 왕과 티타니아 여왕은 요정들과 춤을 추며 세 쌍의 신혼부부를 축복하는 노래를 불렀다.

오베론　가물가물 꺼져가는 불빛으로
어렴풋이 집 안을 고루 비추어라.
가시덤불 위를 나는 새처럼
요정들은 가볍게 뛰놀면서
나를 따라 이 노래를 부르며
노래에 맞춰 경쾌하게 춤을 추어라.

티타니아 단어마다 지저귀는 소리 붙여 이 노래를 외워라.

손에 손 잡고 우아하게 노래하며 이곳을 축복하라.

오베론 자, 날이 밝아올 때까지

요정들은 집 안으로 흩어져라.

최고의 신방에 들러 축복해주어라.

그곳에서 태어나는 자손들은

언제나 행운이 함께할 것이며

세 쌍의 부부는 생을 다할 때까지

참사랑을 하리라.

성스러운 숲 속의 이슬을 가지고

요정들은 어서 빨리 발걸음을 옮겨

궁전의 방마다 하나하나 감미로운 평화를 축복하여라.

축복받은 집주인은

늘 평온하고 편안하게 쉴 수 있으리.

뛰어가라, 멈추어 섰지 말고.

새벽녘엔 다 돌아오라.

《한여름 밤의 꿈》 발췌

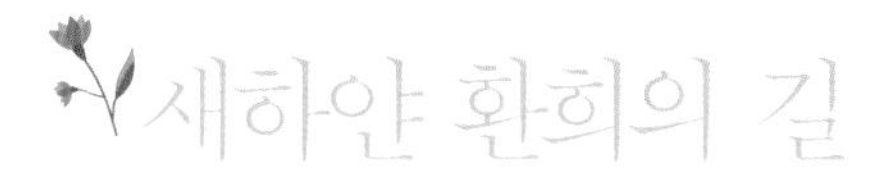

새하얀 환희의 길

2 - 13

— 루시 M. 몽고메리

아름드리 사과나무들이 양옆으로 둥글게 아치를 이루며 길게 뻗은 가로수 길은, 눈같이 새하얗고 향기로운 꽃들이 돔 천장처럼 머리 위로 뒤덮여 있었다. 커다란 가지들 아래로는 자줏빛 노을빛이 가득했고, 저 멀리 앞쪽으로는 대성당 지붕의 둥근 창처럼 반짝이는, 아름답게 물든 하늘이 살짝 보였다.

그 아름다움이 소녀의 말문을 막아버린 듯했다. 마차에 등을 기댄 채, 소녀는 야윈 손을 모아 쥐고 눈부시게 빛나는 하얀 꽃들을 향해 환희에 가득 찬 얼굴을 들어올렸다.

마차가 그 길을 빠져나와 비탈길을 내려갈 때도 소녀는 꼼짝 않고 환희에 찬 얼굴로 멀리 노을 진 서쪽 하늘만 말없이 바라보았다. 소녀의 눈동자는 타오르는 듯한 저녁놀을 가로질러 아까 본 그 눈부신 풍경이 몰려오는 환상을 보고 있었다. 마을에서는 개들이 짖어대고 남자아이들이 소리를 질러댔으며 호기심 어린 얼굴들이 창밖으로 고개를 내밀었다. 그렇게 떠들썩한 동네를 지날 때도 두 사람은 아무 말이 없었다. 5킬로미터 정도 갔을 때까지도 소녀는 조용히 앉아 있었다.

"우리가 지나온, 그 새하얀 길의 이름이 뭐죠?"

"으음, 가로수 길을 말하나 보구나. 보기 좋은 곳이지."

"좋다는 말로는 부족해요. 아름답다는 말도 적당하지 않고요. 저는 장소나 사람의 이름이 마음에 들지 않으면 새 이름을 지어주고 항상 그 이름으로 기억해요. 다른 사람들은 가로수 길이라고 부를지 몰라도 저는 '새하얀 환희의 길'이라고 하겠어요."

마차는 막 언덕 꼭대기를 넘었다. 길고 구불구불해서 꼭 강처럼 보이는 연못이 아래에 있었다. 중간쯤 다리가 있고, 거기서부터 그 너머 누런 모래 언덕 지대가 연못을 가둬둔 아래쪽 끝까지 온갖 빛깔들로 물은 찬란히 빛났다. 가장 신비로운 빛깔의 주황빛과 장밋빛, 신묘한 초록빛과, 뭐라고 딱 집어 말할 수 없는 갖가지 기묘한 색조들이었다. 다리 위쪽은 가장자리를 둘러싼 전나무와 단풍나무 숲으로 연못이 뻗어 나가면서 흔들리는 나무 그림자를 담아 어슴푸레하고 반투명하게 보였다. 하얗게

차려입은 여자아이가 발꿈치를 들고 강물에 제 그림자를 비추어보듯 야생 자두나무가 기슭에서 군데군데 몸을 내밀고 있었다. 연못 입구의 늪에서는 맑고 구슬픈 개구리들의 합창이 들려왔다. 그 너머 비탈에는 하얀 사과나무들로 둘러싸인 작은 회색 집이 어렴풋이 모습을 드러냈다. 아직 날이 완전히 저물지 않았는데도 그 집 창문에서는 불빛이 새어 나왔다.

"저건 배리 연못이란다."

"그 이름도 맘에 들지 않아요. 가만있자, '반짝이는 호수'라고 할래요. 꼭 맞는 이름이죠? 제 가슴이 떨리는 걸 느꼈으니까요. 이름이 딱 맞으면 가슴이 떨리거든요. 아저씨는 어떤 것 때문에 가슴이 떨린 적 있어요?"

매튜는 생각에 잠겼다.

"글쎄다, 오이밭에서 흙을 파헤치고 올라오는 징그러운 하얀 땅벌레를 보면 가슴이 떨려. 난 그게 싫거든."

《빨간 머리 앤》 발췌

봄을 노래하다

— 헨리 데이비드 소로

봄의 첫 참새! 그 어느 해보다 파릇파릇한 희망을 품고 시작하는 새해! 반쯤 드러난 축축한 들판에 아련하게 들리는 유리울새와 노래참새와 티티새의 은방울 같은 지저귐이 겨울 끝을 잡고 내리는 눈송이들의 소리 같기만 하다. 이런 때에 역사의 기록이나 연대기, 전통, 기록된 계시 같은 것이 무슨 의미가 있을까? 냇물은 기쁨의 찬가를 봄에 바치듯 흐른다. 어느 새인가 강 옆의 풀밭 위를 맴도는 개구리매는 이제 막 겨울잠에서 깨어난 개구리를 찾고 있다. 계곡마다 눈 녹는 소리가 들리고, 호수의 얼음도 하루가 다르게 녹아간다.

"봄비의 부름을 받고 풀들이 싹튼다."

옛사람은 이렇게 말했지만, 언덕마다 불처럼 타오르는 봄풀들은 마치 돌아오는 태양을 맞이하기 위해 대지가 열을 뿜어내는 것만 같다. 불길의 빛깔은 붉은색이 아니라 초록색이다. 풀잎은 영원한 청춘의 상징으로, 흙에서 솟아올라 푸른 리본처럼 여름 속으로 환히 피어

나지만 겨울 추위의 제지를 받고는 이내 시들어버린다. 그러나 봄이 다시 오면 뿌리 깊이 간직한 싱싱한 생명력으로 지난해 마른 잎의 끝을 곧추세우며 뻗어 오르는 것이다.

냇물이 땅속에서 스며 나오듯 풀잎은 땅 위로 밀려 올라온다. 사실 풀잎과 냇물은 거의 같다. 유월의 한창 때에 냇물이 마르면 풀잎이 물을 대는 수로가 되기 때문이다. 가축들은 푸르고 영원한 이 냇물을 마시며, 풀 베는 사람들은 여기서 일찌감치 겨울 채비를 해놓는다. 사람의 생명도 풀잎과 다름없다. 목숨 자체는 시들어버리지만 뿌리는 살아남아 영원을 향하여 푸른 잎을 내뻗는 것이다.

《월든》 발췌

아름다운 손

— 장 지오노

누군가 보기 드문 인격을 갖고 있는지 알기 위해서는 여러 해 그의 행동을 관찰할 수 있는 행운이 있어야만 한다. 그의 행동이 모든 이기주의에서 벗어나 있고, 행동을 이끌어 나가는 생각이 더없이 고결하며, 어떤 보상도 바라지 않는데도 이 세상에 뚜렷한 흔적을 남긴 것이 분명하다면, 우리는 분명 잊기 힘든 한 인격체와 마주하는 셈이 된다.

3년 전부터 그 사람은 혼자 고독하게 나무를 심어왔다. 무려 십만 그루의 도토리를 심어 2만 그루의 싹이 나왔다. 그러나 산짐승이 갉아 먹거나 예측할 수 없는 신의 섭리에 의해 2만 그루 가운데서도 절반가량은 죽어버릴 것이라고 그는 예상했다. 그래도 아무것도 없었던 이곳에 1만 그루의 떡갈나무가 살아남아 자라게 될 것이다. 그는 또한 지면에서 몇 미터 지하에 어느 정도 습기가 고인 것 같은 땅에는 자작나무를 심으리라 생각하고 있었다.

그는 꾸준히 자기 생각을 실천했다. 내 어깨 높이에 와 닿는 너도

밤나무들이 끝없이 눈앞에 펼쳐진 광경이 그것을 증명해준다. 빽빽하게 자라는 떡갈나무는 들짐승에게 갉아 먹혀 피해를 입는 나이를 넘어섰다. 신이 이 피조물을 파괴하려 한다면 앞으로는 태풍에게나 도움을 청해야 할 것이다.

그는 또 감탄할 만큼 잘 가꾼 자작나무 숲을 보여주었다. 5년 전, 그러니까 1916년 내가 베르됭 전투에서 싸우던 시기에 심은 나무들이었다. 밑에 습기가 있으리라 짐작되는 곳마다 그는 자작나무를 심었다. 나무들은 젊은이같이 부드러우면서도 단호한 모습으로 서 있었다.

평화롭고 규칙적인 노동, 생생하고 신선한 공기, 소박한 음식, 무엇보다도 영혼의 평화가 노인에게 장엄하리만치 훌륭한 건강을 주었다. 그는 하느님의 운동선수였다.

모든 것이 변해 있었다, 공기까지도. 옛날에 나를 맞던 난폭한 바람 대신 향긋한 냄새를 실은 부드러운 미풍이 불고 있었다. 물 흐르는 소리 같은 것이 저 높은 언덕에서 들려왔다. 바람 소리였다. 게다가 더 놀랍게도 못 속으로 흘러 들어가는 진짜 물소리가 들렸다. 샘이 솟고 있었고 물은 넘쳐흘렀다. 나를 가장 감동시킨 것은 샘 옆에 이미 네 살은 되었음직한 보리수나무가 자라고 있다는 점이었다. 벌써 무성하게 자라 있어 의문의 여지없이 부활의 한 상징임을 보여주고 있었다.

더욱이 베르됭 마을에는 사람들이 일을 한 흔적이 뚜렷했다. 사람은 희망을 가져야만 일을 할 수 있다. 희망이 다시 이곳에 돌아와 있었다.

단순히 육체와 정신적 힘만을 갖춘 한 개인이 황무지에 나 홀로 이런 가나안 땅을 만들어냈다는 사실을 생각할 때마다 인간은 참으로 경탄할 만한 존재임을 나는 깨닫곤 한다. 그리고 그런 결과를 얻어낸 위대한 영혼 속의 끈기와 고결한 인격 속의 열정을 생각할 때마다, 나는 신에게나 어울릴 대역사를 일군 소박하고도 늙은 농부에게 무한한 존경심을 품게 된다.

《나무를 심은 사람》 발췌

책 보는 것으로 즐거움을 삼다

2 - 16

— 이덕무

1. 책만 보는 바보

남산 아래 어리석은 사람이 살았다. 말은 어눌하고 행동은 게으르고 졸렬한데다 세상 물정도 모르고 바둑이나 장기조차 두지 못했다. 남이 흉을 봐도 따져 묻지 않았고 칭찬해도 거드름 피우지 않았다. 오직 책 읽는 것만을 즐거움으로 삼아 춥거나 덥거나 배고프거나 병들거나 개의치 않았다. 어려서부터 스물한 살이 되도록 옛 선인들이 전해준 책을 하루도 손에서 놓지 않았다.

그의 방은 매우 작았지만 동쪽과 남쪽, 서쪽으로 창이 하나씩 있어 해를 따라 창을 옮겨 가며 책을 읽었다. 새로운 책을 보게 되면 문득 기뻐서 웃었다. 집안사람들은 그가 웃는 것을 보면 기이한 책을 구한 줄을 알았다.

두보의 오언율시를 좋아해 앓는 사람처럼 끙끙대며 골똘히 읊조리다가 깊은 뜻을 깨우치면 일어나 이리저리 왔다 갔다 하며 들뜬 목소리를 쉬이 가라앉히지 못하는데, 그 소리가 마치 갈까마귀가 깍깍대는 것 같았다.

혹 아무 소리 없이 눈을 크게 뜨고 뚫어져라 고요히 바라보기도 하고, 혼자 꿈꾸는 사람처럼 중얼거리기도 하였다. 사람들이 그를 보며 간서치(看書痴), 책만 읽는 바보라 하는데도 기쁘게 받아들였다.

아무도 그의 전기를 써주는 사람이 없어 붓을 들어 그 일을 써서 〈간서치전〉을 지었지만, 그의 이름과 성은 적지 않는다.

2. 책 읽는 소리

을유년 11월 겨울, 공부방이 추워 뜰아래 작은 초가집으로 거처를 옮겼다. 집이 어찌나 허름한지 벽에 얼음이 얼어 뺨이 비치고, 방구들 틈에서 새어 나오는 매캐한 연기에 눈이 시었다. 울퉁불퉁한 바닥에 그릇을 두면 엎질러지곤 했다. 한낮에 해가 비치면 쌓였던 눈이 녹아 스며드는 통에 천장에서 누르스름한 물이 뚝뚝 떨어졌다. 손님이 찾아왔다가 도포 자락에 한 방울이라도 떨어지면 크게 놀라 일어나는 바람에 늘상 사과를 해야 하는데도 게을러서 집을 손보지는 못하였다.

어린 아우와 함께 석 달 동안 이곳을 지키며 글 읽는 소리를 멈추지 않았다. 그사이 큰 눈을 세 차례나 겪었다. 눈이 올 때마다 이웃에 사는 작달막한 노인이 꼭 새벽에 대빗자루로 문을 두드리며 혼잣말처럼 혀를 차곤 했다.

"딱하구먼! 연약한 수재가 얼지는 않았는지."

노인은 먼저 길을 낸 뒤 눈 속에 묻힌 신발을 찾아다가 툭툭 털어 놓고는 재빨리 마당을 쓸어 눈 세 무더기를 둥글게 쌓아두고 가곤 하였다. 나는 그새 이불 속에서 옛글 서너 편을 벌써 외우곤 했다.

1.《청장관전서》 발췌 2.《이목구심서》 발췌

귀여운 것들

소 2 - 17

— 세이 쇼나곤

참외에 그린 아기 얼굴.

쭈쭈쭈쭈 부르면 폴짝폴짝 깡충거리며 오는 아기 참새.

마구 기어오다가 우뚝 멈춰서 조막만한 손으로 작은 티끌을 집어서 내미는 돌쟁이 아기.

정말이지 귀엽다.

이마에 흘러내린 머리카락을 쓸어 올리지 않고 삐딱하게 고개를 꼬고 뚫어져라 뭔가를 보는 아이.

말끔하게 차려입고 여기저기 돌아다니는 꼬마 신사와 숙녀.

잠시 안고 어르는 사이 쌔근쌔근 잠이 든 갓난아기.

정말 귀엽다.

뽀얗고 통통한 두 살배기 여자아이가 보라색 옷에 멜빵을 입고 기는 모습이나, 소매가 유난히 커 보이는 깡총한 옷을 입고 기어다니는 모양도 귀엽다.

여덟아홉이나 열 살 남짓한 사내아이가 소리 높여 책 읽는 모습도 아주 귀엽다.

긴 다리에 하얀 옷을 입은 듯한 병아리가 삐악삐악 사람을 앞서거니 뒤서거니 따라다니는 것이나 어미닭을 졸졸거리며 따라다니는 모습도 귀엽다.

물새 알도.

유리 항아리도.

《마쿠라노소시》 발췌

사랑이 와서

— 신경숙

사랑은 점점 그리움이 되어갔다. 바로 옆에 있는 것, 손만 뻗으면 닿는 것을 그리워하진 않는다. 다가갈 수 없는 것, 금지된 것, 이제는 지나가 버린 것, 돌이킬 수 없는 것들을 향해 그리움은 솟아나는 법이다.

사랑을 오래 그리워하다 보니 세상 일의 이면이 보이기 시작했다. 생성과 소멸이 따로따로가 아님을, 아름다움과 추함이 같은 자리에 있음을, 해와 달이, 바깥과 안이, 산과 바다가, 행복과 불행이.

그리움과 친해지다 보니 이제 그리움이 사랑 같다.

흘러가게만 되어 있는 삶의 무상함 속에서 인간적인 건 그리움을 갖는 일이고, 아무것도 그리워하지 않는 사람을 삶에 대한 애정이 없는 사람으로 받아들이며, 악인보다 더 곤란한 사람이 있으니 그가 바로 그리움이 없는 사람이라 생각하게 됐다. 그리움이 있는 한 사람은 메마른 삶 속에서도 제 속의 깊은 물에 얼굴을 비춰 본다, 고.

사랑이 와서, 우리들 삶 속으로 사랑이 와서, 그리움이 되었다. 사랑이 와서 내 존재의 안쪽을 변화시켰음을 나는 기억하고 있다. 사라지고 멀어져 버리는데도 사람들은 사랑의 꿈을 버리지 않는다. 사랑이 영원하지 않은 건 사랑의 잘못이 아니라 흘러가는 시간의 위력이다. 시간의 위력 앞에 휘둘리면서도 사람들은 끈질기게 우리들의 내부에 사랑이 숨어 살고 있음을 잊지 않고 있다. 아이였을 적이나 사춘기였을 때나 장년이었을 때나 존재의 가장 깊숙한 곳을 관통해 지나간 이름은 사랑이었다는 것을.

〈사랑이 와서〉 발췌

나만의 비밀 장소

— 포리스트 카터

어느 늦은 오후, 모드와 함께 풍나무에 기대고 앉아 있노라니, 뭔가 펄럭거리며 지나가는 것이 눈에 들어왔다. 할머니였다. 할머니는 우리가 앉은 곳에서 그다지 멀지 않은 곳을 걸어가고 계셨다. 하지만 할머니가 내 비밀 장소를 눈치 챈 것 같지는 않았다. 그랬다면 나에게 말을 걸었을 것이다.

비밀을 지키기에는 너무 어렸기에 난 할머니에게 비밀 장소를 말하고 말았다. 할머니는 조금도 놀라지 않으셨다. 놀란 건 오히려 내 쪽이었다.

할머니는 체로키라면 누구나 자기만의 비밀 장소를 갖고 있다고 하셨다. 할머니에게도 있으며 할아버지에게도 있다. 물어본 적은 없지만 할아버지의 비밀 장소는 산꼭대기로 향하는 길 어딘가쯤에 있는 것 같다. 할머니가 보기에는 사람들도 대부분 자기만의 비밀 장소를 갖고 있는 것 같지만 확실하지는 않다. 한 번도 알아보지 않았으니까.

하지만 비밀 장소는 누구에게나 꼭 필요하다고 할머니는 말씀하셨다. 그 말을 듣자 나한테도 비밀 장소가 있다는 사실이 너무도 뿌듯하고 자랑스러웠다.

할머니는 사람들은 누구나 두 개의 마음을 갖고 있다고 하셨다. 하나는 몸이 살아가는 데 필요한 것들을 꾸려가는 마음이다. 잠자리나 먹을 것 따위를 마련할 때는 이 마음을 써야 한다. 짝짓기를 하고 아이를 가지려 할 때도 이 마음을 써야 한다. 몸을 가지고 살아가려면 이 마음을 가져야 한다. 그런데 우리에게는 또 다른 마음이 있다. 할머니는 이 마음을 '영혼의 마음'이라고 부르셨다.

영혼의 마음은 근육과 비슷해서 쓰면 쓸수록 더 커지고 강해진다. 마음을 더 크고 튼튼하게 가꾸는 비결은 오직 하나, 상대를 이해하는 데 쓰는 것뿐이다. 게다가 몸의 마음이 욕심 부리는 걸 그만두지 않으면 영혼의 마음으로 가는 문은 절대 열리지 않는다. 욕심이 없어야 비로소 이해를 할 수 있기 때문이다. 반대로 더 많이 이해하려고 노력하면 영혼의 마음도 더 커진다.

할머니는 이해와 사랑은 당연히 같은 것이라고 하셨다. 이해하지 못하면서 사랑하는 체하며 억지를 부려대는 사람들이 있긴 하지만, 그건 진정한 사랑이 아니라고 하시면서.

영혼의 마음이 자꾸 커지고 튼튼해지면, 결국에는 지나온 모든 전생의 삶들이 보이고 더 이상 몸의 죽음을 겪지 않는 단계에 도달하게 된다고 할머니는 말씀하셨다.

할머니는 내 비밀 장소에서 그런 생명의 순환이 어떻게 이루어지는지 지켜볼 수 있을 거라고 하셨다. 모든 것이 새롭게 탄생하는 봄이 되면 (설사 그것이 그냥 생각일 뿐이어도 무언가가 태어날 때는 항상 그렇듯이) 흔들림과 소란이 일어난다. 영혼이 다시 한 번 물질적인 형태를 갖추려고 발버둥치기 때문이다. 그래서 봄에 부는 매서운 바람은, 아기가 피와 고통 속에서 태어나는 것처럼 탄생을 위한 시련이다.

그러고 나면 생명을 한껏 꽃피우는 여름이 온다. 그보다 더 나이가 들면 우리 영혼이 제자리로 돌아갈 날이 머지않았다는, 특이한 느낌을 갖는 가을이 지나가는데, 사람들은 그런 느낌을 '애잔한 그리움'이라 부르기도 한다. 겨울이 되면 모든 것이 죽거나 죽은 것처럼 보인다. 우리 몸이 죽었을 때처럼. 하지만 봄이 되면 다시 태어날 것이다.

할머니에게 이 모든 걸 가르쳐주신 분은 할머니의 아버지였다.

《내 영혼이 따뜻했던 날들》 발췌

대문놀이

문지기 문지기야 어데 갔니

이 문 열어라

어서어서 열어라

못 연다

왜 못 여니

손이 없어 못 연다

문지기 문지기야 어데 갔니

이 문 열어라

활짝활짝 열어라

못 연다

왜 못 여니

쇠가 없어 못 연다

문지기 문지기야 그럼 나서라

못 나서겠다

빨리빨리 나서라

안 된다

그럼 밀겠다

와아 밀어라 밀어라

가나다

가이갸 가다가

거이겨 거랑에

고이교 고기 잡아

구이규 국을 끓여

나이냐 나 한 그릇

너이녀 너 두 그릇

다이댜 다 먹었네

더이뎌 더 좀 주소

어이여 없다

{{{ 엄마가 쓰는 편지 }}}

화평이에게

Lovely Baby ♥♡

매일 풍선을 불고 있는 것 같아. 엄마 배가
'하루치의 공기'만큼 나날이 부풀어 오르고 있거
든. 아빠를 꼭 껴안으면 서로 숨소리를 느끼기도
불편할 정도야. 대신 아빠가 엄마의 풍선 배에 가
만히 귀를 대고 너의 소리를 듣는데, 손대면 터질
까 벌벌 떠는 모습이 얼마나 귀여운지 몰라. 터지려면 아직 멀었는데…….
지금 우리 모습이 엄마는 참 좋으면서도 살짝 걱정도 돼.
아빠가 우리 아가한테만 폭 빠지면 어째? 하지만 가장 아름답고 소중한
걸 버릴 줄 알아야 다시 꽃이 피고, 나무가 자라고, 영원히 살 수 있대.
나를 버리기가, 욕심을 내려놓기가 보통 어려운 일이 아냐. 하지만 더 큰
기쁨, 더 큰 행복이 무엇인지 생각해봤어. 나를 버리지 못하고 아낌없이
내주지 못하면, 우리가 함께 사는 내내 방황하고 원망하게 될지 몰라.
가족이란 이름으로 더 깊은 상처를 낼지 몰라.
그래, 먼 훗날 더 큰 기쁨과 행복을 위해서는 엄마아빠가 깨끗이 버리고
아낌없이 내주어야 해. 우리의 생명을 영원히 이어줄 너를 위해,
후회 없이 행복한 우리의 삶을 위해. 그게 자연의 순리일 거야.
너를 만나 참 기쁘다. 아프지만 참 기쁘다.

화평이 엄마 이영민

주나라 문왕의 어머니 태임과 성왕의 어머니 읍강은 태교로 유명한 분들입니다. 아기를 가졌을 때 매사에 하나하나 조심했던 태교법이 오랫동안 제왕의 태교법으로 전해져 내려와 우리나라에서도 많은 사람들이 따라했는데요. 그중에는 음식과 관련된 부분도 있습니다.

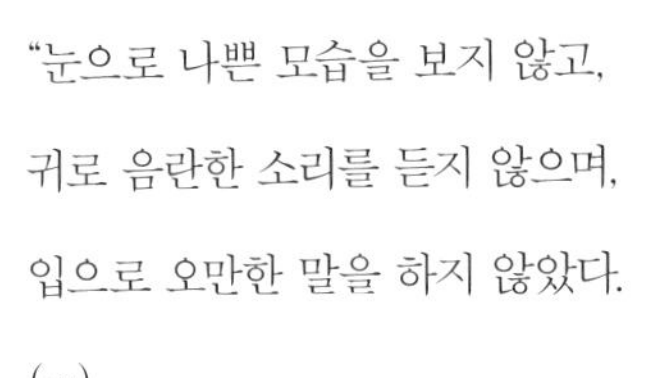

"눈으로 나쁜 모습을 보지 않고,
귀로 음란한 소리를 듣지 않으며,
입으로 오만한 말을 하지 않았다.
(…)
거친 음식을 먹지 않았으며
반듯하게 자른 것이 아니면 먹지 않았다."

모양이 이상한 깍두기는 먹지 말아야 하며, 닭은 아기 피부가 이상해진다고 삼가고, 뭐는 어째서 안 되고…… 참 금기시하는 음식도 많았습니다. 하지만 요즘은 옛날처럼 음식 모양이나 재료를 크게 따지지 않습니다. 그래도 건강한 아이를 낳기 위해서는 분명 몇 가지 음식은 가려 먹어야 합니다. 새로운 음식 태교에서 유념해야 하는 점을 몇 가지 정리해봅니다.

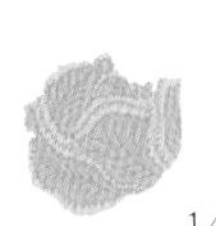

짜고 매운 음식 피하기

다리가 붓고 혈압이 높아지기 쉬운 임산부는 너무 짜고 매운 음식을 먹어서는 안 됩니다.

저칼로리 고단백 음식 먹기

소화가 잘 안 되므로 과식을 해서는 안 됩니다. 기름기가 많은 음식도 삼가고 칼로리는 낮지만 단백질 함유가 높은 음식을 먹어야 합니다.

합성재료가 많이 들어간 인스턴트 음식 피하기

아직 면역력이 약한 태아는 엄마가 먹은 음식을 거르지 않고 그대로 받아들입니다. 합성재료에는 검증되지 않은 성분이 들어가 있어 아이에게 어떤 영향을 끼칠지 알 수 없는 경우가 많습니다.

영양소 골고루 섭취하기

당연한 이야기겠죠. 입에서 당기는 음식만 고집하지 말고 되도록 골고루 먹도록 신경 쓰세요. 특히 임신 중에는 변비가 생기기 쉬우니 섬유질이 많은 나물 종류를 많이 먹으세요.

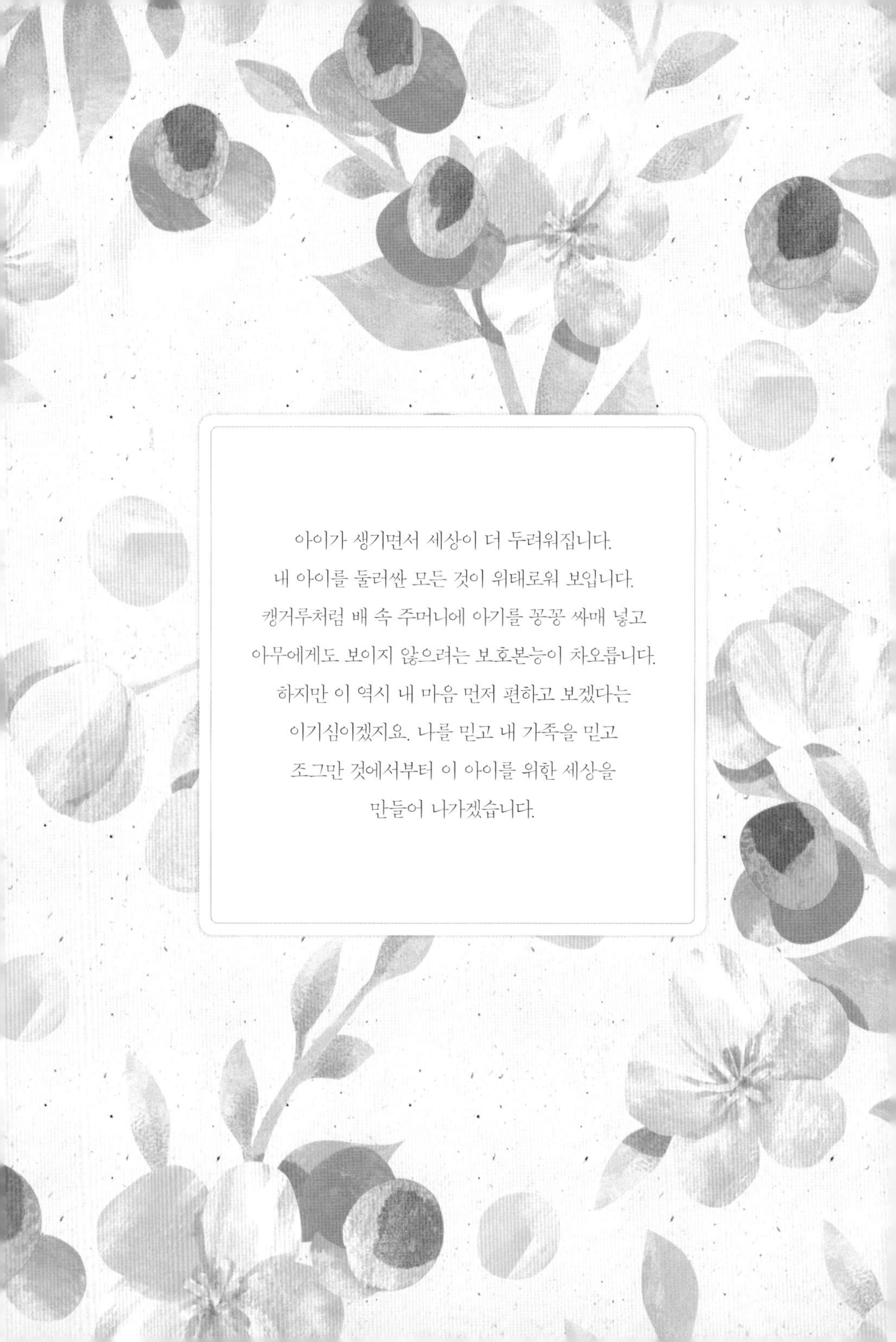

아이가 생기면서 세상이 더 두려워집니다.
내 아이를 둘러싼 모든 것이 위태로워 보입니다.
캥거루처럼 배 속 주머니에 아기를 꽁꽁 싸매 넣고
아무에게도 보이지 않으려는 보호본능이 차오릅니다.
하지만 이 역시 내 마음 먼저 편하고 보겠다는
이기심이겠지요. 나를 믿고 내 가족을 믿고
조그만 것에서부터 이 아이를 위한 세상을
만들어 나가겠습니다.

3
장

: 6~7개월 :

응원과 격려

{{{ 임신 정보 }}}

6~7개월

엄마

부쩍 커진 아이로 인해 엄마 몸은 상당한 부담감을 갖게 됩니다. 허리와 등이 아파오고 때때로 배가 단단해지기도 하죠. 이 시기 역시 간단한 체조나 마사지로 몸의 긴장을 풀고 가벼운 산책을 해주면 좋습니다. 일하는 엄마라면 자주 자세를 바꿔주고 책상 밑에 받침대를 두어 다리를 올려두세요. 태아가 엄마와 감정을 공유하는 때이므로 태담을 많이 해주세요.

아빠

5개월 즈음 시작된 태동이 더욱 활발해집니다. 한 연구에 의하면 태아는 매일 듣는 엄마보다 저음인 아빠의 목소리에 더 많은 반응을 보인다고 합니다. 아빠의 말 걸기가 더욱 중요한 이유입니다. 더 늦기 전에 태교 여행을 계획하고 함께 다녀오면 좋습니다.

아이

이제부터 아이는 눈에 띄게 부쩍부쩍 성장합니다. 혼자 몸의 방향도 바꾸고 차츰 머리를 아래로 향하려고도 합니다. 아이가 하나하나의 소리를 구별할 수 있는 시기이므로 책 읽기가 더욱 중요해진다는 점을 명심하세요.

성장하는 부모가 아름답다

너를 기다리며 걷기로 했다. 눈에 띄게 불룩해진 배를 안고 산길을, 강기슭을, 마을 골목을 따라 걸었다. 푸르렀던 나무가 알록달록 치장을 하는가 싶더니 이내 우수수 잎을 떨구었다. 겨울을 나기 위해 앙상한 가지를 드러내는 나무처럼, 환희와 기대로 부풀었던 내 마음도 차츰 빛이 바래고 까칠해졌다.

너의 안녕과 성장을 살피는 검사가 잦아지면서 몸은 갈수록 고되었다.

"별문제 없겠지? 아가야, 건강하기만 바랄게."

매일 간절한 마음으로 속삭였지만 혹시 모를 불안감이 자꾸 커져만 갔다.

'내가 부모 노릇을 제대로 할 수 있을까? 부모다운 부모가 될 수 있을까?'

가만히 나를 돌아보았다. 이제 다 자라 홀로 설 때가 지났건만, 나는 여전히 부모님의 도움으로 가까스로 살림을 꾸리고 있었다. 직장에서나 겨우 스스로 일할 뿐, 다른 일은 야무지지 못하고 허술하기만 했다. '어른'이 되지 못한 철부지 부모, 불편하지만 인정할 수밖에 없었다. 아이는 부모의 거울이라는데, 부끄러워 감추고 싶은 내 모습을 네게서 볼까 두려웠다.

하늘이 만물에게 부여한 것을 '본성'이라 하고,

본성에 따르는 것을 '도(道)'라 하며,

도를 닦는 것을 '가르침[教]'이라 한다.

天命之謂性 率性之謂道 修道之謂教
천 명 지 위 성 솔 성 지 위 도 수 도 지 위 교

-《중용》 제1장

제 본성에 따라 도를 닦는 것 자체가 가르침이 된다니, 어깨가 무거우면서도 왠지 마음이 놓였다. 이제라도 제대로 한번 살아봐야겠구나, 의지가 타올랐다.

돌이켜보면 나는 남들처럼 살려고 아등바등했고, 남들만큼 누리지 못할까 전전긍긍했다. 내가 어떤 사람인지, 무엇을 좋아하고 어떻게 살고자 하는지 마음 쓸 여유가 없었다. 세상이 정해놓은 대로 입시

경쟁에 매달리고 취업 전쟁을 치르면서 '그게 삶'이려니 했다. 서른 즈음엔 이미 세상을 다 아는 듯 어떤 일에도 시큰둥했다. 그렇게 무심했고 오만했다. 그러다 너를 만나니 혼란스러울 수밖에.

인(仁)은 사람의 마음이고, 의(義)는 사람이 가야 할 길이다.

그 길을 버리고 따르지 않으며,

그 마음을 잃어버리고 찾을 줄도 모르니 슬픈 일이도다.

기르던 닭이나 개를 잃어버리면 곧 찾아 나서면서도

마음을 잃고는 찾을 줄을 모르는구나.

학문의 길이란 다른 데 있는 것이 아니라

자신의 잃어버린 마음을 찾는 것일 뿐이다.

仁人心也 義人路也
인 인 심 야 의 인 로 야

舍其路而不由 放其心而不知求 哀哉
사 기 로 이 불 유 방 기 심 이 부 지 구 애 재

人有雞犬放 則知求之 有放心 而不知求
인 유 계 견 방 즉 지 구 지 유 방 심 이 부 지 구

學問之道無他 求其放心而已矣
학 문 지 도 무 타 구 기 방 심 이 이 의

-《맹자》〈고자 告子〉上

안일하고 나태한 나를 책망하는 말 같아 입안이 썼다. 이제 그만 헤매고 지금 보이는 그 길을 열심히 가지 뭐하느냐고 다그치는 것 같았다. 너를 만난 뒤, 그간 열심히 살았지만 정작 소중한 건 놓쳤음을 깨달으면서도 나는 여적 미적거리고만 있었다. 지금까지의 삶이 허망하더라도 제대로 길을 가려면 내 마음부터 다시 찾아 지켜야 함을 잘 알면서도, 주변의 시선에 여전히 발끈하며 거친 길이라도 만나면 슬그머니 돌아가려는 마음부터 앞섰다.

울긋불긋한 가을 길 위에서 지난 시간을 헤집었다. 어디서 내 마음을 잃어버렸는지, 어쩌다 나를 놓치고 세상의 헛된 주문에 빠졌는지 하나하나 기억을 되짚었다.

'너도 나만큼 길을 잃고 헤매겠지? 그러다 내가 흘린 눈물만큼 울기도 하겠지? 여러 날 앓기도 하겠구나.'

바람 따라 흩날리는 낙엽 사이로 아프고 힘겨웠던 순간들이 언뜻언뜻 스쳐갔다. 형편없는 시험 점수가 창피해 울던 일, 친구들과 어울리지 못하고 외따로 고독을 삼키던 일, 밤새 준비한 발표 수업을 긴장해서 망쳐버린 일, 억울하지만 대꾸할 엄두도 못 내고 상사의 타박과 한숨을 듣던 일…….

하늘은 복 없는 사람을 내지 않고, 땅은 이름 없는 풀을 기르지 않는다.

天不生無祿之人 地不長無名之草
천 불 생 무 록 지 인 지 부 장 무 명 지 초

-《명심보감》〈성심 省心〉 편

위로하듯 마음을 어루만지는 말이었다. 어떤 방황이나 시련도 다 '나를 찾아가는 길'이었을 것이다. 아프니까 청춘이고 흔들리지 않는 청춘은 없다는데, 수없이 방황하고 헤매면서 지내온 시간들 덕에 여기까지 온 것이지 싶었다. 후회스럽고 부끄러운 지난 일들이 앞으로 나아가고 단단해지는 과정이었다 여기니 다시금 기운이 솟았다.

새는 알을 깨고 나온다. 알은 세계이다.

태어나려는 자는 하나의 세계를 깨뜨려야 한다.

새는 신에게 날아간다.

-《데미안》, 헤르만 헤세

나는 여전히 '나를 찾아가는 길' 위에 있음을 깨달았다. 부모라는 여행길에 오른 이 순간, 지금이야말로 지금까지의 세계를 깨고 다시 날아오를 시간이었다.

'나는 어디로 날아가야 할까?'

네게 묻고 싶었다.

배우고 발견함으로 자유로워지는 것, 그보다 더 큰 삶의 이유는 없다.

-《갈매기의 꿈》, 리처드 바크

네가 세상을 배우며 자라듯, 나도 너와 함께 '부모 됨'을 배우며 성장해야겠다. 난생처음 경험하는 부모 노릇이 쉬울 리 없겠지만, 너를 만나면 또다시 거친 파도에 휩쓸릴 게 분명하겠지만, 이번에는 나를 놓치지 않고 시련을 견뎌야겠다. 그러면 이전보다 더 큰 배움을 얻을 수 있을 것이고, 더욱 자유로워진 나를 만날 수 있을 것이다. 기회를 잡는 건 온전히 내 몫일 터였다.

앞으로 내 삶의 이야기를 채우는 데 힘을 쏟겠다. 남에게 맞추려고 하지 않고 나만의 가치를 발견하기 위해 노력을 다하겠다. 내 가치를 판단할 사람은 오직 나뿐임을 잊지 않겠다. 속이 빈 철부지 부모가 전할 가치는 없음을 기억하겠다.

부모는 자식이 아니라 부모인 '나'를 키우는 자리인가 보다. 너를 사랑하면 나를 잃지 않을까 걱정했더니, 오히려 내게 새로운 삶의 의미를 안겨주었다! 앞으로 너와 함께 성장하며 우리의 길을 가다 보면,

예기치 못한 네 잎 클로버를 발견할 수도 있지 않을까, 살포시 기대감이 밀려왔다.

> 가는 곳마다 자기 마음의 주인이 되면, 그 자리가 모두 진리다.
>
> 隨處作主 立處皆眞
> 수 처 작 주 입 처 개 진

-《임제록》

아가야, 네가 네 삶의 주인임을 늘 잊지 않았으면 좋겠다. 혹시 네게 내 가치를 강요하는 실수를 종종 범할지도 모르겠다. 그렇더라도 너는 꿋꿋이 너만의 길을 찾아가기 바란다. 힘들겠지만 그 시간을 헤쳐나가야 우리가 함께여서 행복한 이유를 너도 발견할 수 있지 않을까? 지금 우리가 나누는 문학의 경험이 우리 감성은 물론 삶의 감각까지 회복해주리라 믿는다.

天命之謂性
천 명 지 위 성

率性之謂道
솔 성 지 위 도

修道之謂教
수 도 지 위 교

天不生無祿之人
천 불 생 무 록 지 인

地不長無名之草
지 부 장 무 명 지 초

인(仁)은 사람의 마음이고, 의(義)는 사람이 가야 할 길이다.

그 길을 버리고 따르지 않으며,

그 마음을 잃어버리고 찾을 줄도 모르니 슬픈 일이도다.

기르던 닭이나 개를 잃어버리면 곧 찾아 나서면서도

마음을 잃고는 찾을 줄을 모르는구나.

학문의 길이란 다른 데 있는 것이 아니라

자신의 잃어버린 마음을 찾는 것일 뿐이다.

고마운

― 켈리 클라손

기도할 수 있음에 감사한다.
내 옆에 있는 너와 함께
배울 수 있음에 감사한다.
고맙고도 고마운 사랑,
너는 나의 삶을 끊임없이 흔든다.

내가 지치면
나를 어떻게 웃게 할지
너는 알고 있다.
지금 이 순간 기쁜 마음으로 감사한다.
내 삶에 네가 들어온 것에 대해.

부딪히세요

— 피테르 드노프

피하지 마세요.

고통을 견뎌내면서

당신은 많은 것을 배울 거예요.

생명의 탄생은 산고로 인해 더욱 값지며

만남의 기쁨은 이별의 아픔으로 더욱 커지지요.

행복이란 견뎌낸 어려움에 견주어야만

그 크기를 가늠할 수 있으며

고통과 아픔이 클수록 사랑 또한 깊어져요.

그러니 아무리 힘들다 해도

피하지 마세요.

아직 오지 않은 고통이 두려워 움츠리지 마세요.

사랑 속에서 스스로 훌륭하게 성장해 가세요.

가던 길 멈추고

— 윌리엄 H. 데이비스

근심에 가득 차 가던 길 멈추고
잠시 고개 돌려 둘러볼 틈도 없다면
얼마나 슬픈 삶이겠는가.
나무 그늘 아래 멈춰 한가로이
양이나 젖소처럼 물끄러미 바라볼 틈도 없다면
숲 속을 거닐다 개암 감추느라 바쁜
다람쥐를 가만히 바라볼 틈도 없다면
한낮, 별빛 가득한 밤하늘처럼
반짝이는 강물을 하염없이 내려다볼 틈도 없다면
아름다운 여인의 눈길과 발,
그 발이 춤추는 맵시에 시선을 빼앗길 틈도 없다면
눈가에 떠오른 여인의 미소가
입술로 번지는 것을 기다릴 틈도 없다면
그런 삶은 애달픈 삶, 근심이 가득해
가던 길 멈추고 잠시 고개 돌려 둘러볼 틈도 없다면.

네 잎 클로버

— 엘라 히긴슨

나는 알아요.
해가 금과 같이 반짝이고
벚꽃이 눈처럼 활짝 피는 곳을요.
바로 그 아래 세상에서 제일 아름다운 곳,
네 잎 클로버가 자라는 곳이 있지요.

잎 하나는 희망을, 잎 하나는 믿음을,
또 잎 하나는 사랑을 뜻하잖아요.
하느님은 거기에 행운의 잎을 하나 더 만드셨어요.
열심히 찾으면 어디에서 자라는지 알 수 있지요.

희망을 갖고 믿음을 가져야 해요.
사랑해야 하고 강해져야 해요.
믿고 노력하고 기다리면 네 잎 클로버
자라는 곳을 찾게 될 거예요.

인연설

— 한용운

함께 영원히 있을 수 없음을 슬퍼 말고
잠시라도 함께 있을 수 있음을 기뻐하고

더 좋아해주지 않음을 노여워 말고
이만큼 좋아해주는 것에 만족하고

나만 애태운다 원망치 말고
애처롭기까지 한 사랑을 할 수 있음을 감사하고

주기만 하는 사랑이라 지치지 말고
더 많이 줄 수 없음을 아파하고

남과 함께 즐거워한다고 질투하지 말고
그의 기쁨이라 여겨 함께 기뻐할 줄 알고

이룰 수 없는 사랑이라 일찍 포기하려 말고
깨끗한 사랑으로 오래 간직할 수 있는

나는 당신을 그렇게 사랑하렵니다.

사막의 지혜

— 수피(이슬람 신비주의) 우화시

강이 있었다.

강은 머나먼 산에서 시작해 마을과 들판을 지나

마침내 사막에 이르렀다.

강은 곧 알게 되었다.

사막으로 들어가면 자기의 존재가 사라진다는 것을.

그때 사막 한가운데에서 목소리가 들려왔다.

"바람이 사막을 건널 수 있듯이 강물도 건널 수 있다."

강은 고개를 저었다.

사막으로 달려가기만 하면

강물은 흔적도 없이 모래 속으로 사라져버린다고.

바람은 공중을 날 수 있기에
사막을 건널 수 있는 것이라고.

사막의 목소리가 말했다.
"바람에게 너를 맡겨라. 너를 증발시켜 바람에 실어라."

강은 두려움에 차마 그럴 수가 없었다.
그때 문득 떠올랐다,
언젠가 바람의 팔에 안겨 실려 가던 일이.

그리하여 강은 자신을 버리고 바람의 다정한 팔에 안겼다.
바람은 가볍게 수증기를 안고 날아올라
수백 리 떨어진 건너편 산꼭대기에 이르러
살며시 대지에 비를 떨구었다.

그래서 강이 여행하는 법은
사막 위에 적혀 있다는 말이 전해지게 되었다.

청춘

— 사무엘 울만

청춘이란 마음가짐이지
인생의 한 시기가 아니다.
장밋빛 볼, 붉은 입술, 부드러운 무릎이 아니라
군센 의지, 넘치는 상상력, 불타는 정열이다.
청춘은 인생이라는 깊은 샘에서 솟아나는 신선함이다.

청춘이란 두려움을 물리치는 용기,
안일한 삶을 뿌리치는 모험심.
때로는 스무 살 청년보다 예순 살의 노인이 더 젊다.
나이를 먹는다고 늙지 않는다.
꿈과 희망을 잃어야 비로소 늙는다.

세월은 피부에 주름살을 긋지만
열정을 잃으면 영혼에 주름이 간다.

고뇌, 공포, 실망에 의해서 기력은 땅을 기고
정신은 먼지가 된다.

예순이든 열여섯이든 우리의 가슴속에는
경이로움에 끌리는 마음,
어린아이처럼 미지에 대한 호기심,
삶에 대한 흥미와 환희가 있다.

누구에게나 보이지 않는
마음의 우체국이 있다.
우체국에서 다른 사람들과 하느님에게
아름다움, 희망, 기쁨, 용기와
배움의 힘을 받는 한, 당신은 젊다.

영감이 끊기고 영혼이 비난의 눈에 덮여
슬픔과 탄식의 얼음 속에 갇히면
스무 살이라도 늙을 수밖에 없고,
고개를 들고 희망의 물결을 붙잡는 한
여든 살이라도 청춘으로 남는다.

꿈길

ⓣ 3 - 08

— 김소월

물구슬의 봄 새벽 아득한 길

하늘이며 들 사이에 넓은 숲

젖은 향기 불긋한 잎 위의 길

실그물의 바람 비쳐 젖은 숲

나는 걸어가노라 이러한 길

밤저녁의 그늘진 그대의 꿈

흔들리는 다리 위 무지개 길

바람조차 가을 봄 걷히는 꿈.

바람

⚜ 3 - 09

— 정지용

바람 속에 장미가 숨고

바람 속에 불이 깃들다.

바람에 별과 바다가 씻기우고

푸른 멧부리와 나래가 솟다.

바람은 음악의 호수.

바람은 좋은 알림!

오롯한 사랑과 진리가 바람에 옥좌를 고이고

커다란 하나와 영원이 펴고 날다.

{{{ 베끼고 싶은 글 }}}

마음에 드는 시를 옮겨 적거나 내가 지은 시를 아이에게 전하세요.

꽃과 어린 왕자

수 3 - 10

— 생텍쥐페리

"'길들인다'는 게 뭐야?"

어린 왕자가 여우에게 물었다.

"네가 나를 길들이면 우리는 서로 원하게 되는 거야. 이 세상에서 너는 나에게, 나는 또한 너에게 하나뿐인 존재가 되지. 그럼 나는 세상이 온통 환해질 거야. 저기 밀밭 보이니? 난 빵을 안 먹으니 밀은 내게 아무 소용이 없어서 봐도 전혀 무덤덤해. 서글픈 일이지. 그렇지만 황금빛 머리칼의 네가 나를 길들이면 엄청 근사해 보일 거야! 밀밭이 황금빛으로 물들 때마다 네가 떠오를 테니까. 그러면 밀밭 사이로 불어오는 바람 소리도 좋아하게 되겠지. 기다릴 줄 알아야 해. 처음에는 각자 약간 떨어져서 이렇게 풀밭에 앉는 거야. 너를 흘끔흘끔 곁눈질해도 넌 아무 말도 하지 마. 말은 오해의 근원이니까. 날마다 조금씩 가까이 다가앉는 거야. 늘 똑같은 시간에 오는 게 좋아. 오후 네 시에 온다면 난 세 시부터 행복해질 거야. 네 시에 가까워질수록 점점 더 행복해지겠지. 네 시가 다 되면 흥분해서 가만히 앉아 있을 수도 없을 거야. 아마 행복이 얼마나 값진지 알게 될 거야!"

"내 꽃도 그냥 스쳐 가는 사람 눈에는 흔한 장미꽃으로 보일 거야. 그렇지만 내겐 그 어떤 장미보다 소중해. 내가 물을 뿌려주고, 유리 덮개를 씌워주고, 바람막이로 보호해주었으니까. 나비를 위해 벌레도 두세 마리만 남기고 다 잡아주었으니까. 그 꽃이 불평이나 자랑을 늘어놓거나 아무 말도 하지 않을 때도 나는 귀 기울여 들어주었으니까. 무엇보다 그 꽃은 내 꽃이니까 말이야."

"잊지 마. 길들인 것에 대해 넌 언제까지나 책임이 있는 거야. 너는 네 장미에 책임이 있어."

방긋 벌어진 어린 왕자의 입술이 희미하게 미소를 띠는 순간 나는 생각했다.

'여기 잠든 어린 왕자가 내 마음을 이토록 감동시키는 건 꽃 한 송이에 대한 성실함 때문이야. 그가 잠들어 있을 때에도 장미꽃 하나가 램프의 불꽃처럼 환하게 빛나고 있잖아.'

《어린 왕자》 발췌

준치 가시

〈3-11

— 백석

준치는 옛날엔 가시 없던 고기. 준치는 가시가 부러웠네, 언제나 언제나 가시가 부러웠네.

준치는 어느 날 생각다 못해 고기들이 모인 데로 찾아갔네. 큰 고기, 작은 고기, 푸른 고기, 붉은 고기, 고기들이 모일 데로 찾아갔네.

고기들을 찾아가 준치는 말했네, 가시를 하나씩만 꽂아달라고. 고기들은 준치를 반겨 맞으며 준치가 달라는 가시 주었네, 저마끔 가시들을 꽂아주었네.

큰 고기는 큰 가시, 잔 고기는 잔 가시, 등 가시도 배 가시도 꽂아 주었네.

가시 없던 준치는 가시가 많아져 기쁜 마음 못 이겨 떠나려 했네.

그러나 고기들의 아름다운 마음! 가시 없던 준치에게 가시를 더 주려 간다는 준치를 못 간다 했네.

그러나 준치는 염치 있는 고기, 더 준다는 가시를 마다고 하고, 붙잡는 고기들을 뿌리치며 온 길을 되돌아 달아났네.

그러나 고기들의 아름다운 마음! 가시 없던 준치에게 가시를 더 주려 달아나는 준치의 꼬리를 따르며 그 꼬리에 자꾸만 가시를 꽂았네, 그 꼬리에 자꾸만 가시를 꽂았네.

이때부터 준치는 가시 많은 고기, 꼬리에 더욱이 가시 많은 고기.

준치를 먹을 때엔 나물지 말자, 가시가 많다고 나물지 말자. 크고 작은 고기들의 아름다운 마음인 준치 가시를 나물지 말자.

사랑한다면 오리처럼

— 쥘 르나르

1

암오리가 앞장을 선다.

날개로 뒷짐을 지고 뒤뚱거리며

물웅덩이로 멱을 감으러 간다.

수오리가 뒤를 따른다.

수오리 또한 날개로 뒷짐을 지고 뒤뚱거리며 걸어간다.

오리 연인은 묵묵히, 곧 맞서 겨루기라도 하듯

다부지게 걸음을 옮겨놓는다.

깃털이나 새똥, 낙엽, 지푸라기가 떠다니는 흙탕물이 보이자

암오리가 먼저 미끄러져 들어간다.

한참을 물에 잠긴 채로 밖으로 나오지 않는다.

암오리는 기다리고 있는 것이다. 준비가 다 되었다.

수오리가 들어간다.

화려한 빛깔의 털옷을 물에 담근다.

초록 머리와 귀여운 엉덩이 꽁지털만 물 밖으로 내놓는다.

따뜻한 물에 몸을 담그고 있으니, 둘 다 기분이 좋다.

소나기라도 내려야 물갈이가 될 것이다.

수오리가 납작한 부리로 암오리의 목덜미를 살짝 물고 조인다.

잠시 수오리의 몸은 요동치지만,

물이 걸쭉해서 잔물결만 조금 일고 만다.

이내 잔잔해진 매끄러운 수면 위로

맑은 하늘 한 귀퉁이가 거멓게 들어와 비친다.

오리 연인은 이제 꼼짝도 하지 않는다.

따스하게 햇볕을 쬐며 노곤히 잠에 빠져 있다.

누군가 옆을 지난다 해도

오리 연인이 있는 것을 눈치 채지 못할 것이다.

그들이 거기 있음을 알려주는 거라고는

이따금 수면 위로 떠올라와 터지는 물거품뿐.

2

닫혀 있는 문 앞에, 오리 연인은 널브러져

뒤엉킨 채 잠들어 있다.

병문안 온 이웃집 아주머니의

나막신 두 짝처럼.

《자연의 이야기들》 발췌

나는 좋아한다

— 피천득

나는 잔디를 밟기 좋아한다. 젖은 시새를 밟기 좋아한다. 고무창 댄 구두를 신고 아스팔트 위를 걷기를 좋아한다. 아가의 머리칼을 만지기 좋아한다. 새로 나온 나뭇잎을 만지기 좋아한다. 나는 보드랍고 고운 화롯불 재를 만지기 좋아한다. 나는 남의 아내의 수달피 목도리를 만져보기 좋아한다. 그리고 아내에게 좀 미안한 생각을 한다.

나는 아름다운 얼굴을 좋아한다. 웃는 아름다운 얼굴을 더 좋아한다. 그러나 수수한 얼굴이 웃는 것도 좋아한다. 서영이 엄마가 자기 아이를 바라보고 웃는 얼굴도 좋아한다. 나 아는 여인들이 인사 대신으로 웃는 웃음을 나는 좋아한다.

나는 아름다운 빛을 사랑한다. 골짜기마다 단풍이 찬란한 만폭동, 앞을 바라보면 걸음이 급하여지고 뒤를 돌아다보면 더 좋은 단풍을 두고 가는 것 같아서 어쩔 줄 모르고 서 있었다. 예전 우리 유치원 선생님이 주신 색종이 같은 빨간색·보라·자주·초록, 이런 황홀한 색깔을 나는 좋아한다. 나는 우리나라 가을 하늘을 사랑한다. 나는 진주빛, 비둘기빛을 좋아한다. 나는 오래된 가구의 마호가니 빛을 좋아한다. 늙어가는 학자의 희끗희끗한 머리칼을 좋아한다.

나는 이른 아침 종달새 소리를 좋아하며, 꾀꼬리 소리를 반가워하며, 봄 시냇물 흐르는 소리를 즐긴다.

갈대에 부는 바람 소리를 좋아하며, 바다의 파도 소리를 들으면 아직도 가슴이 뛴다. 나는 골목을 지나갈 때에 발을 멈추고 한참이나 서 있게 하는 피아노 소리를 좋아한다.

나는 젊은 웃음소리를 좋아한다. 다른 사람 없는 방 안에서 내 귀에다 귓속말을 하는 서영이 말소리를 좋아한다. 나는 비 오시는 날 저녁때 뒷골목 선술집에서 풍기는 불고기 냄새를 좋아한다. 새로운 양서(洋書) 냄새, 털옷 냄새를 좋아한다. 커피 끓이는 냄새, 라일락 짙은 냄새, 국화·수선화·소나무의 향기를 좋아한다. 봄 흙냄새를 좋아한다.

나는 사과를 좋아하고 호도와 잣과 꿀을 좋아하고, 친구와 향기로운 차를 마시기를 좋아한다. 군밤을 외투 호주머니에다 넣고 길을 걸으면서 먹기를 좋아하고, 찰스 강변을 걸으면서 핥던 콘 아이스크림을 좋아한다.

나는 아홉 평 건물에 땅이 50평이나 되는 나의 집을 좋아한다. 재목은 쓰지 못하고 흙으로 지은 집이지만 내 집이니까 좋아한다. 화초를 심을 뜰이 있고 집 내놓으라는 말을 아니 들을 터이니 좋다. 내 책들은 언제나 제자리에 있을 수 있고 앞으로 오랫동안 이 집에서 살면 집을 몰라서 놀러 오지 못할 친구는 없을 것이다. 나는 삼일절이나 광복절 아침에는 실크해트(Silk-hat)를 쓰고 모닝코트를 입고 싶은 충동을 느낀다. 그러나 그것은 될 수 없는 일이다. 여름이면 베 고의적삼을 입고 농립을 쓰고 짚신을 신고 산길을 가기 좋아한다.

나는 신발을 좋아한다. 태사신, 이름 쓴 까만 운동화, 깨끗하게 씻어놓은 파란 고무신, 흙이 약간 묻은 탄탄히 삼은 짚신, 나의 생활을 구성하는 모든 작고 아름다운 것들을 사랑한다. 고운 얼굴을 욕망 없이 바라다보며, 남의 공적을 부러움 없이 찬양하는 것을 좋아한다. 여러 사람을 좋아하며 아무도 미워하지 아니하며, 몇몇 사람을 끔찍이 사랑하며 살고 싶다. 그리고 나는 점잖게 늙어가고 싶다. 내가 늙고 서영이가 크면 눈 내리는 서울 거리를 같이 걷고 싶다.

〈나의 사랑하는 생활〉 발췌

미래의 희망

中 3 - 13

— 마틴 루터 킹

친구들이여, 나는 고백하려 합니다. 우리 앞의 길이 결코 순탄치만은 않을 것입니다. 그 길에는 여전히 험난한 절망과 우리를 당황케 하는 굽이들이 버티고 있을 것입니다. 피할 수 없는 장애물 또한 여기저기 나타날 겁니다. 희망으로 들뜬 마음이 절망으로 낙담하는 순간도 오겠지요. 때로 우리의 꿈은 부서지고 희망은 시들 겁니다. 피에 굶주린 군중의 비겁한 행동으로 생명을 잃은 용감한 어떤 민권운동가의 시체 앞에서 다시 비통한 눈물을 흘리며 서 있을지도 모릅니다.

하지만 아무리 어렵고 고통스러워도 미래에 대한 담대한 신념을 품고 내일을 향해 걸어가야 합니다.

낮게 깔린 무거운 구름으로 우리의 낮이 우울해질 때, 밤이 한밤중보다 더 어두울 때도 거대한 악마의 산을 무너뜨리는 창조의 힘, 길이 없는 곳에 길을 내고 암흑의 어제를 밝은 내일로 바꿀 힘이 아직 이 세상에 있음을 기억합시다.

친구들이여, 믿어야 합니다. 도덕 세계의 활은 길게 뻗어 있지만 늘 정의를 향해 굽어 있습니다. 윌리엄 브라이언트의 "땅 위에 부서진 진리가 다시 일어날 것이다"란 말이 옳았음을 깨달아야 합니다. "현혹되지 마라. 하느님은 조롱당하지 않는다. 누구든 뿌리는 대로 거두리라"는 성경 말씀이 옳음을 믿고 나아갑시다.

이것이 미래의 희망입니다. 믿음을 잃지 말고 머지않은 미래에 "이겨냈다! 우리는 해냈다! 마음 깊은 곳에서 우리가 이기리라는 희망을 지켜냈다"고 노래할 수 있을 것입니다.

연설문 〈우리는 어디로 가야 하는가〉 발췌

— 김기림

어느덧 벌판 위에는 어둠이 두텁게 잠긴다. 바다로부터 불어오는 축축한 바람이 얼굴 위를 씻고 달아난다.

침묵한 산들은 어둠의 저쪽에서 커다란 몸뚱이를 웅크리고 주저앉아서 별들의 숨은 노래를 도적질해 듣고 있나 보다. 그 어느 시절에는 황혼이 되면 나는 언덕 위로 뛰어 올라가기도 했다. 날아오는 별들과 더 가까이 가서 이야기나 하려는 것처럼. 그렇지만 지금 수없는 작은 별들은 은하수를 건너서 더 멀리멀리 날아가지 않는가. 우주의 비밀을 감춘 별들의 노래는 지극히 먼 어둠의 저쪽에서 아마도 작은 천사들의 귀를 즐겁게 하고 있나 보다. 그것들은 지금의 내게서는 아주 먼 곳에 있다.

덜그렁— 덜그렁— 덜그렁.

수레바퀴가 첫 얼음을 맞은 굳은 땅을 깨물 적마다 금속성의 지치벅 소리가 땅에서 인다.

지금 수레는 넓은 들을 꿰뚫고 굴러간다. 그 위에서 나의 눈은 별들을 하나씩 둘씩 잃어버리면서 내게서 멀어져 가는 그들의 긴 꼬리를 따라간다.

일찍이 청춘이라고 하는 특권이 나에게 아름다운 저 별들을 좇아가는 환상의 날개를 주었다. 그렇지만 지금 그 날개는 시들어졌다. 나는 지금 나의 젊은 하늘을 찬란하게 꾸미던 뭇 별들을 잃어버린 대신에 대지 위에 무슨 발판을 찾고 있다—긴 불행과 고난 뒤에 돌아오는 '열매를 거두는 기쁨'. 봄이 오면 우리들은 들에 씨를 뿌릴 것이다. 그리고 가을이 되면 우리는 우리들의 땀과 기름으로 기른 열매를 거둘 것이다. 어둠의 저쪽에 잠기는 긴 기적 소리—국경행 최종 열차가 아마 저편 역을 떠나나 보다.

더 높은 데로 더 높은 데로 날아만 가는 별들—나는 그것들과는 반대의 방향으로 가슴에 밤을 안고 굴러가는 수레에 몸을 맡긴다.

〈별들을 잃어버린 사나이〉 발췌

보라, 청춘을!

— 민태원

청춘! 이는 듣기만 하여도 가슴이 설레는 말이다. 청춘! 너의 두 손을 가슴에 대고, 물방아 같은 심장의 고동을 들어보라. 청춘의 피는 끓는다. 끓는 피에 뛰노는 심장은 거선의 기관과 같이 힘 있다. 이것이다. 인류의 역사를 꾸며 내려온 동력은 바로 이것이다. 이성은 투명하되 얼음과 같으며, 지혜는 날카로우나 갑 속에 든 칼이다. 청춘의 끓는 피가 아니더면, 인간이 얼마나 쓸쓸하랴? 얼음에 싸인 만물은 죽음이 있을 뿐이다.

그들에게 생명을 불어넣는 것은 따뜻한 봄바람이다. 풀밭에 속잎 나고, 가지에 싹이 트고, 꽃 피고 새 우는 봄날의 천지는 얼마나 기쁘며, 얼마나 아름다우냐? 이것을 얼음 속에서 불러내는 것이 따뜻한 봄바람이다. 인생에 따뜻한 봄바람을 불어 보내는 것은 청춘의 끓는 피다. 청춘의 피가 뜨거운지라, 인간의 동산에는 사랑의 풀이 돋고, 이상의 꽃이 피고, 희망의 놀이 뜨고, 열락의 새가 운다.

사랑의 풀이 없으면 인간은 사막이다. 오아시스도 없는 사막이다. 보이는 끝까지 찾아다녀도, 목숨이 있는 때까지 방황하여도, 보이는 것은 거친 모래뿐일 것이다. 이상의 꽃이 없으면, 쓸쓸한 인간에 남는 것은 영락과 부패뿐이다. 낙원을 장식하는 천자만홍이 어디 있으며, 인생을 풍부하게 하는 온갖 과실이 어디 있으랴?

이상! 우리의 청춘이 가장 많이 품고 있는 이상! 이것이야말로 무한한 가치를 가진 것이다. 사람은 크고 작고 간에 이상이 있음으로써 용감하고 굳세게 살 수 있는 것이다.

〈청춘예찬〉 발췌

어머님을 그리다

— 박제가

그릇을 씻다가 어머님을 떠올린다. 하루 두 끼도 제대로 잇지 못할 양식으로 음식을 준비하던 일이 생각나니, 다른 사람도 그렇지 않겠는가?

횃대를 어루만지며 어머님을 생각한다. 못 쓰게 된 솜으로 항상 추위와 바람 막을 옷을 지어주시던 것을 떠올리니, 다른 사람도 나와 같지 않겠는가?

등불을 걸다가 어머님을 그린다. 닭이 울 때까지 잠 못 이루며 무릎 굽혀 삯바느질하던 모습이 생각나니, 다른 사람도 이런 경험이 있지 않겠는가?

상자를 열다 어머님의 편지를 보고 자식이 먼 데 나가 노니는 데 대한 마음을 펴시고 이별의 괴로움을 쓴 대목을 읽으니 넋이 녹고

뼈가 저며 불현듯 몰랐으면 싶어지기까지 한다.

손을 꼽아 내 나이와 어머님의 연세를 헤아려보다 돌아가신 어머님은 이제 겨우 마흔여덟, 나는 스물넷임을 알았을 때 머뭇거리며 구슬피 소리 놓아 길게 울면서 눈물을 비 오듯 흘리지 않을 수가 없다.

《풍수정》 발췌

농촌의 봄

— 이광수

살여울에 봄이 왔다. 달내물이 기쁘게 부드럽게 흘러간다. 농촌의 봄은 물이 가지고 온다.

청명 때가 되면 밭들을 간다. 보삽에 뒤집히는 축축한 흙은 오는 가을의 기쁜 추수를 약속하는 것이다.

보잡이(밭을 가는 사람)는 등에 담뱃대를 비스듬히 꽂고 기다란 채찍을 들어 혹은 외나짝(왼쪽) 소를, 혹은 마라짝(오른쪽) 소를 가볍게 후려갈긴다. 소들은 입에 거품을 물고 고개를 좌우로 흔들흔들하면서 걸음을 맞추어서 간다. 그들은 사래 끝에 오면,

"마라 도치(오른쪽으로 돌아)."

하는 보잡이의 돌라는 명령을 잘 알아듣고 방향을 돌린다.

"외나."

"마라."

하는 구령을 들은 소들은 장관들의 명령을 잘 알아듣는 병정들과

같이 잘 알아듣는다. 송아지로서 처음 멍에를 멘 놈은 말을 잘 듣지 않다가 매를 맞지마는, 3년 4년 익숙한 소는 제가 무엇을 할 것인지를 잘 안다. 그가 가는 밭에서 나는 낟알과 짚 중에 한 부분은 그가 겨우내 먹을 양식이 되는 것이다.

소는 농부의 가족이다. 그 동네 사람은 멀리서 바라보고도 저것이 누구의 집 소인 줄을 안다. 그 소의 결점도 알고 장점도 안다. 만일 어느 집 소가 다리를 전다든지 무슨 병이 난다고 하면 그것은 다만 소 임자 집의 큰 사건만 아니라, 온 동네의 관심사가 된다. 소 니마(의원)를 부르고 무꾸리를 하고 무르츠개(귀신을 한턱 먹여서 물리는 일)를 하여야 한다.

"이랴이랴, 쯧쯧!"

하고 두르는 보잡이의 채찍에 봄볕이 감길 때 땅에 기쁨이 있다.

소가 지나간 뒤에는 고랑 째는 사람이 따른다. 그는 한 손에 굵다란 지팡이를 들고 한 발로 밭이랑의 마루터기를 째고 나간다. 그 뒤를 따라서 재놓이가 따른다. 그는 삼태기에 재를 담아가지고 고랑 짼 홈에다가 재를 놓는다. 비스듬히 옆으로 서서 재 삼태기를 약간 흔들면서 걸어가면 용하게도 재가 검은 줄을 이뤄서 고르게 펴진다.

만일 조밭이나 면화밭을 간다고 하면 자구밟이(씨앗 뿌린 자국을 밟아주는 일)가 있을 것이요, 보리밭이나 밀밭이라 하면 고랑 째는 것도 없고 자구밟이도 없을 것이다.

자구밟이는 제일 어린, 숙련 못한 사람이 하는 것이다. 그는 고랑의 홈을 한 발을 한 발의 끝에 자주자주 옮겨놓아서 씨 떨어질 자리를 다지는 것이다. 그 뒤로 밭갈이에 가장 머리 되는 일이 한 겨리(쟁기질을 하는 무리)에 가장 익숙하고 어른 되는 사람의 손으로 거행되는 것이다. 그것은 씨 뿌리는 일이다.

적어도 삼십 년 이상 밭갈이의 경험을 쌓은, 그러고도 수완 있는 사람이 아니고는 '종자놓이'라는 이 명예 있는 지위에 오를 수는 없는 것이다.

-《흙》 발췌

꼭꼭 숨어라

꼭꼭 숨어라 머리카락 보인다
꼭꼭 숨어라 범장군 나가신다

텃밭에는 안 된다 상추 씨앗 밟는다
꽃밭에는 안 된다 꽃 모종을 밟는다
울타리도 안 된다 호박순을 밟는다

장독대에 숨은 장승 우물쭈물 말아라
굴뚝 뒤에 숨은 솟대 기웃기웃 말아라
마루 밑에 숨은 도깨비 옴짝달싹 말아라

꼭꼭 숨어라 머리카락 보인다
꼭꼭 숨어라 술래한테 잡힌다

못 찾겠다 꾀꼬리 신발 들고 나와라
엉덩이춤을 추며 웃지 말고 나와라

동무 동무

— 권태응

동무 동무 들동무
들판을 다니고
아지랑이 물결 속
나무 캐러 다니고

동무 동무 놀동무
노래하고 다니고
솔솔 바람 품 가슴
손목 잡고 다니고

동무 동무 글동무
글 배우러 다니고
동네 앞길 환한 길
'갸갸 거겨' 다니고

{{{ 아빠가 쓰는 편지 }}}

튼튼이에게

엄마아빠는 이 가정에 곧 태어날 너를
무척이나 환영하고 기다리고 있어.
아빠는 어린 시절부터 네가 함께 있는 가정을
꿈꿔왔었단다. 네가 엄마 배 속에 있다는 소식이
아빠에게 얼마나 큰 기쁨이 되었는지 너는 다
알 수 없을 거야!
아빠의 꿈을 이뤄준 너에게 참으로 감사하고, 조만간 너를 만날 수
있게 되어 매일매일이 무척 설레고 행복하단다.
그러나 제대로 갖춰지지 못한 상황에서 너를 맞이하게 되어 참으로
미안한 생각이 드는구나. 너에게 세상 모든 것을 다 주어도 부족한
아빠의 마음이지만 그리 부유하지 않은 환경이라 너에게 얼마나 좋은 것,
원하는 것을 해줄 수 있을까 걱정이 되기도 해.
많은 것을 채워주진 못하겠지만 그래도 아빠는 네 삶에 사랑과 행복이
익숙한 풍경을 만들어주고 싶구나.
아가야, 너는 아빠에게 행복한 부담이 된단다. 너는 아빠의 인생에
큰 축복이야. 건강하게 태어나서 우리 즐겁게 살자!
사랑해~!

튼튼이 아빠 문두환

엄마가 건강에 무리가 없다면 아빠와 함께 행복한 태교 여행을 준비해 보세요. 보통 태아가 안정되는 시기인 4~7개월 사이가 적당한데, 너무 많이 걸어야 하거나 사람이 많은 관광지는 피하는 것이 좋습니다.

비행기를 탄다면 6시간 이상의 장거리 탑승은 좋지 않습니다. 몸 상태를 고려해 먼저 의사와 상의하세요. 또 걷는 것은 한 시간 이내가 적절합니다. 걷다가 갑자기 배가 땅기면 바로 휴식을 취하고 중간중간 충분히 수분을 섭취해주세요. 절대 무리해서는 안 됩니다. 몸 상태가 비행기를 타기에 좋지 않다면 국내 여행도 좋습니다. 엄마아빠가 결혼 전 갔던 추억의 장소로 여행을 떠나는 건 어떨까요. 태아를 위해, 그리고 두 사람만의 마지막 추억을 위해 의미 있는 여행을 계획해보세요.

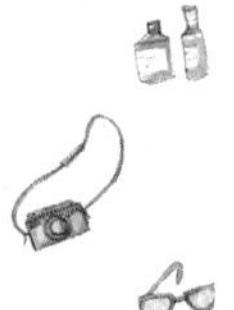

장소는 자연을 만끽할 수 있는 탁 트인 해변이나 공기가 맑고 시원한 숲이 있는 곳이라면 더없이 좋습니다. 만일의 경우를 대비해 임신 상비약을 챙겨 가고 여행지 근처의 병원도 미리미리 알아봐 두세요.

동남아 쪽으로 여행을 가면 마사지를 많이 받는데 일반 마사지, 특히 아로마 마사지는 임산부에게는 좋지 않을 수 있습니다. 사우나나 온천 역시 피해야 합니다. 덥다고 찬물 샤워를 하는 것도 좋지 않다고 해요.

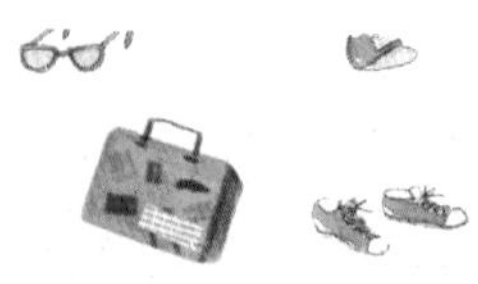

자궁을 수축시켜 자칫 위험할 수 있습니다.

여행지에서는 위생에 신경 써서 깨끗하지 않은 과일과 길거리 음식은 피하고 물은 되도록 생수를 사서 마시세요. 양칫물도 생수를 사용하는 게 좋아요. 모자와 긴 소매 옷도 준비해서 몸이 너무 뜨거워지거나 차가워지지 않도록 급작스런 온도 변화에 잘 대응해주세요.

꼭 여행이 아니라도 가까운 공원을 자주 산책하는 것도 훌륭한 대안이 될 수 있습니다. 너무 여행을 가야 한다는 생각에 얽매여 오히려 스트레스를 받지는 마세요.

마지막으로 유용한 팁 하나. 일부 항공사에서는 예비맘을 위한 특별한 서비스를 제공하기도 하니 미리 알아보세요. 또 태교 여행 중 발생할 수 있는 응급상황에 대비해 시중에 출시된 다양한 태아보험들을 알아보는 것도 좋습니다.

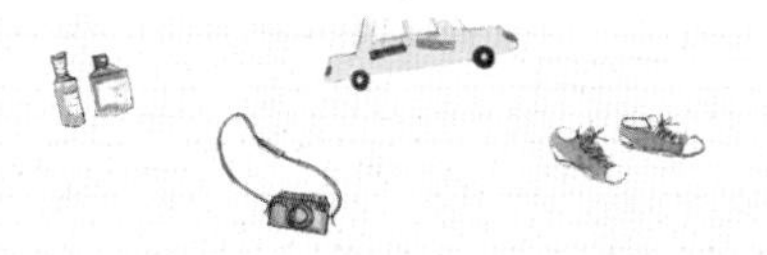

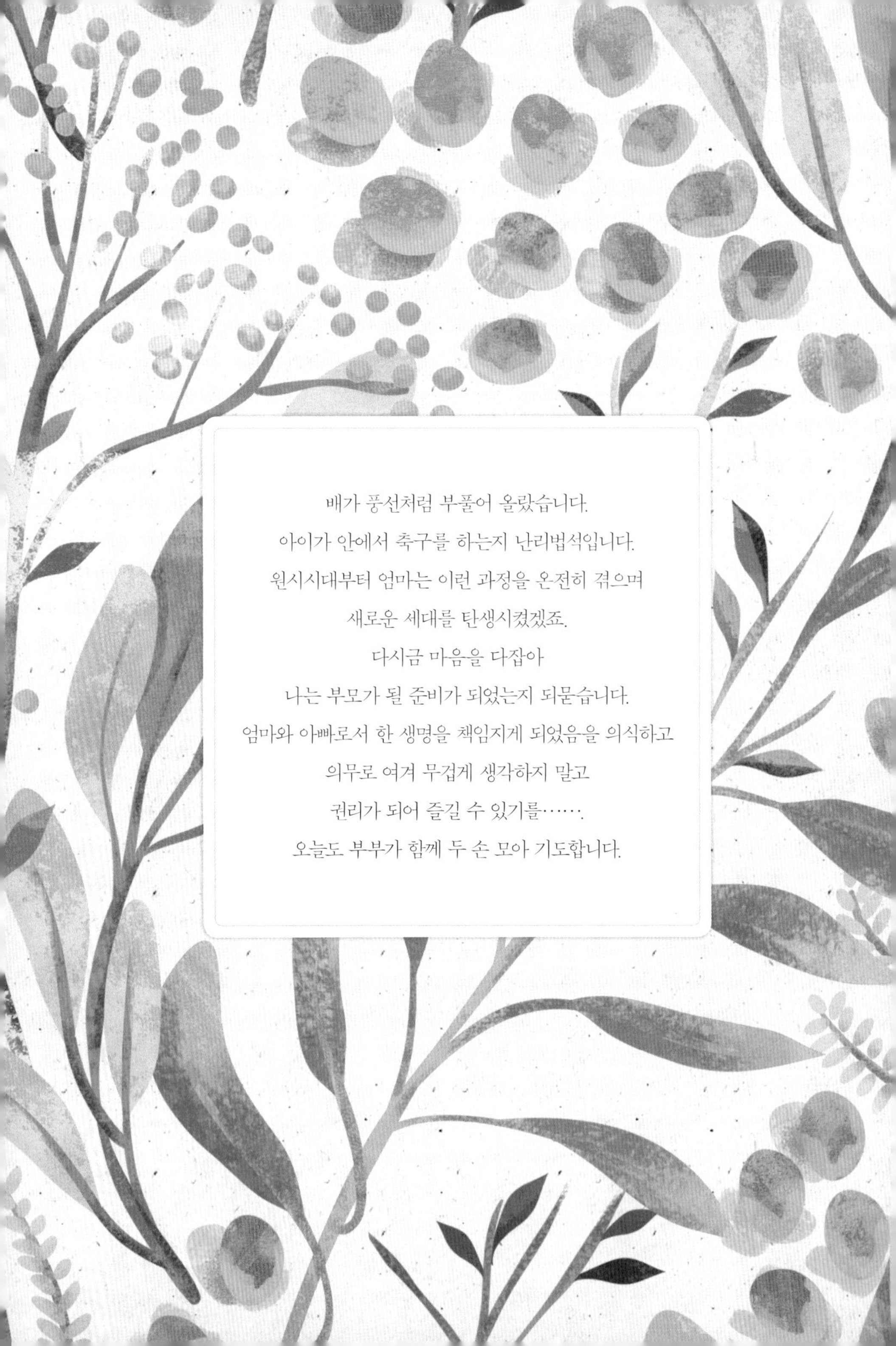

배가 풍선처럼 부풀어 올랐습니다.
아이가 안에서 축구를 하는지 난리법석입니다.
원시시대부터 엄마는 이런 과정을 온전히 겪으며
새로운 세대를 탄생시켰겠죠.
다시금 마음을 다잡아
나는 부모가 될 준비가 되었는지 되묻습니다.
엄마와 아빠로서 한 생명을 책임지게 되었음을 의식하고
의무로 여겨 무겁게 생각하지 말고
권리가 되어 즐길 수 있기를…….
오늘도 부부가 함께 두 손 모아 기도합니다.

4
장

∶ 8~10개월 ∶

희망과 용기

{{{ 임신 정보 }}}

8~10개월

엄마

커진 자궁으로 인해 배가 쑥 나오는 시기입니다. 허리와 어깨가 아파오고 위와 심장도 압박되어 가슴이 답답하고 호흡도 힘들어집니다. 부종도 심해지고 다리에 경련이 일기도 하는 등 내 몸이 내 몸 같지 않죠. 열 달째는 배가 뭉치고 진통이 오기도 합니다. 넘어지지 않도록 주의하고 미리 출산 가방을 준비해두세요. 이럴 때일수록 스트레스 관리에 신경 쓰고, 감기에 걸리지 않도록 조심하며, 마음을 편하게 갖도록 노력해야 합니다.

아빠

함께 출산 호흡법을 연습해야 하는 시기입니다. 배가 커지고 다리가 부어 발톱을 혼자 깎지 못하니 미리미리 엄마 발톱을 깎아주세요. 또 튼살 방지용 크림을 발라주고 자기 전 쥐가 나는 것을 예방하기 위해 10분 정도 다리 마사지를 해주세요.

아이

막달이 되면 아이가 꽤 무거워져 엄마 몸에 무리를 주게 됩니다. 하지만 아이도 자궁이 좁아져 잘 움직이지 못하죠. 뇌 조직이 커지고 발달하면서 매끈했던 뇌에 주름이 만들어지며 청력과 시력이 거의 완성되어 엄마 몸 밖의 환경 변화에 놀라기도 합니다.

"부모의 사랑은 더우면 걷어차고 필요할 땐 언제든 끌어당겨 덮을 수 있는 이불 같아야 한다"는 어느 소설가의 말을 부모의 자리에서 다시 마주했을 때 예전처럼 고개를 주억거릴 수 없었다. 덥다고 걷어차 버리면 그런대로, 춥다고 돌돌 감아대면 또 그런대로, 내 마음이나 기분은 개의치 않고 늘 사랑을 줄 수 있을까? 아무리 자식이라 해도 억울하거나 서운하거나 지칠 때가 있지 않을까?

사랑을 따지다가 퍼뜩 부모님을 떠올렸다.

'우리 부모님은 책임감의 무게와 숨 막힐 듯한 두려움을 어찌 견디셨을까? 자식을 위해 당신의 욕심을 꾹꾹 눌러 참아야 할 땐 얼마나 속상하셨을까? 클수록 곁에서 멀어져가는 자식들을 보며 억울하기도 하고 서글프셨겠지!'

미처 헤아리지 못했던 부모님의 심정이 휘몰아치듯 가슴을 파고들었다. 여태 같은 자리에서 아낌없이 베푸는 부모님을 왜 그리 투정하고 원망했을까? 감사하고 감사해도 모자랄 것을……. 대물림해야 할 사랑을 움켜쥐고 벌벌거리는 내가 몹시 못마땅했다.

> 부모를 사랑하는 사람은 감히 남을 미워하지 못하며,
>
> 부모를 공경하는 사람은 감히 남에게 함부로 대하지 않는다.
>
> 愛親者不敢惡於人 敬親者不敢慢於人
> 애 친 자 불 감 오 어 인 경 친 자 불 감 만 어 인
>
> -《소학》〈명륜明倫〉편

이제 와 새삼 깨달았다. 지금 내가 '나'로 당당할 수 있는 건 순전히 부모님 덕분이었다. 든든한 버팀목이 받쳐주니 세상에 뿌리를 박고 아름드리나무로 자랄 수 있었던 거다. 그렇다면 나도 아까워 말고 기꺼이 내주어야 한다. 가장 아름답고 소중한 걸 내놓아야 다시 꽃을 피우고 새 잎을 돋울 수 있음을 기억해야 한다. 그렇지 않으면 가족이란 이름으로 더 깊은 상처를 낼지 모른다. 어쩌면 먼 훗날 더 큰 기쁨과 행복을 얻기 위한 지혜일지 모른다. 너를 만나 기쁘다. 아프지만 참 기쁘다.

너를 받치고 서 있으면 어떤 마음이 들까, 문득 궁금해졌다. 거센 비바람을 맞으며 꺾일 듯 이리저리 흔들리는 네가 안타까워서 애가

타겠지? 그래도 이래라저래라 나서지 않고 네가 스스로 설 수 있도록 지켜볼 수 있을까? 시련이 너를 더욱 단단하게 단련시킬 것임을 잘 알고, 섣불리 나섰다가는 오히려 너를 쓰러뜨릴 수도 있음을 잘 알지만, 그래도 참고 지켜볼 수 있을까?

> 천자가 참지 않으면 나라가 황폐해지고,
>
> 제후가 참지 않으면 그 몸을 잃게 되고,
>
> 관리가 참지 않으면 형법에 의해 죽게 되고,
>
> 형제가 참지 않으면 뿔뿔이 흩어져 살게 되고,
>
> 부부가 참지 않으면 자식들이 고아가 되고,
>
> 친구가 서로 참지 않으면 정과 뜻이 멀어지고,
>
> 자신이 참지 않으면 걱정 근심이 없어지지 않는다.
>
> 天子不忍 國空虛 諸侯不忍 喪其軀
> 천 자 불 인 국 공 허 제 후 불 인 상 기 구
>
> 官吏不忍 刑法誅 兄弟不忍 各分居
> 관 리 불 인 형 법 주 형 제 불 인 각 분 거
>
> 夫妻不忍 令子孤 朋友不忍 情意疎
> 부 처 불 인 영 자 고 붕 우 불 인 정 의 소
>
> 自身不忍 患不除
> 자 신 불 인 환 불 제

- 《명심보감》〈계성 戒性〉 편

부모님처럼, 나도 너를 믿고 기다려보련다. 마음에 '참을 인(忍)' 자를 꾹꾹 새기며 지독하게 참아보련다. 대신 너보다는 나를 더욱 깊이 들여다보련다. 그러다 보면 너의 아픔과 상처, 꿈과 희망이 보이겠지. 그때는 너와 내가 웃으며 우리의 이야기를 함께 채울 수 있겠지.

너를 키우는 것이 나를 키우는 일이니, 부모로서 아낌없이 베푸는 사랑이 억울할 것도 서운할 것도 없다. 그건 너도, 부모의 사랑에 미치지 못할까 눈치 보거나 미안해할 이유가 없다는 얘기다. 힘들고 아플 때는 부축해서 함께 걷고, 기쁘고 즐거울 때는 서로 응원하며 앞서거니 뒤서거니 가면 그걸로 된 것이다. 우리, 함께 성장할 수 있음에 감사하고 기뻐하자.

하늘의 계절은 땅의 이로움보다 못하고

땅의 이로움은 사람의 화합보다 못하다.

天時 不如地利 地利 不如人和

천시 불여지리 지리 불여인화

- 맹자

우리가 함께 가다 보면 많은 우여곡절이 생기겠지만, 너는 너대로 나는 나대로 각자의 삶을 인정하고 받아들이면 해결 못할 갈등은 없을 것 같다.

우리가 나누는 문학 시간의 주제는 '사랑'이다. '어떻게 사랑하며 살 것인가' 하는 것. 세상의 모든 작가들도 결국 '사랑' 하나를 전하기 위해 글을 썼다고 한다.

사랑하기에 함께하고, 사랑하기에 인정하고, 사랑하기에 거리를 두자. 우리가 꿈꾸는 '속 깊은 사랑'에 하나를 더한다면, 각자 자기만의 삶의 가치를 발견해가면서 그 가치를 더불어 나누면서 서로 배우는 가정이 되었으면 좋겠다. 그리고 작은 재능이라도 이 세상을 응원하는 데 보탬을 줄 수 있었으면 좋겠다.

> 사랑에는 두려움이 없다. 완벽한 사랑은 두려움을 쫓는다.
>
> - 《성경》〈요한1서〉

> 사랑은 마주 보는 것이 아니라 함께 같은 방향을 보는 것이다.
>
> - 생텍쥐페리

> 누군가를 사랑한다는 것은 우리 인생 과업에서 가장 어려운 마지막 시험이다. 다른 모든 일은 그 준비 작업에 불과하다.
>
> - 라이너 마리아 릴케

愛親者不敢惡於人
애 친 자 불 감 오 어 인

敬親者不敢慢於人
경 친 자 불 감 만 어 인

天時 不如地利
천 시 불 여 지 리

地利 不如人和
지 리 불 여 인 화

천자가 참지 않으면 나라가 황폐해지고,

제후가 참지 않으면 그 몸을 잃게 되고,

관리가 참지 않으면 형법에 의해 죽게 되고,

형제가 참지 않으면 뿔뿔이 흩어져 살게 되고,

부부가 참지 않으면 자식들이 고아가 되고,

친구가 서로 참지 않으면 정과 뜻이 멀어지고,

자신이 참지 않으면 걱정 근심이 없어지지 않는다.

뿌리가 나무에게

— 이현주

네가 여린 싹으로 터서 땅속 어둠을 뚫고

태양을 향해 마침내 위로 오를 때

나는 오직 아래로

아래로 눈먼 손 뻗어 어둠 헤치며 내려만 갔다

네가 줄기로 솟아 봄날 푸른 잎을 낼 때

나는 여전히 아래로

더욱 아래로 막힌 어둠을 더듬었다

네가 드디어 꽃을 피우고

춤추는 나비 벌과 삶을 희롱할 때에도

나는 거대한 바위에 맞서 몸살을 하며

보이지도 않는 눈으로 바늘 끝 같은 틈을 찾아야 했다

어느 날 네가 사나운 비바람 맞으며

가지가 찢어지고 뒤틀려 신음할 때

나는 너를 위하여 오직 안타까운 마음일 뿐이었으나,

나는 믿었다

내가 이 어둠을 온몸으로 부둥켜안고 있는 한

너는 쓰러지지 않으리라고

모든 시련 사라지고 가을이 되어

네가 탐스런 열매를 가지마다 맺을 때

나는 더 많은 물을 얻기 위하여

다시 아래로 내려가야만 했다

잎 지고 열매 떨구고 네가 겨울의 휴식에 잠길 때에도

나는 흙에 묻혀 흙에 묻혀 가쁘게 숨을 쉬었다

봄이 오면 너는 다시 영광을 누리려니와

나는 잊어도 좋다,

어둠처럼 까맣게 잊어도 좋다.

가정

⚜ 4 - 02

— 박목월

지상에는

아홉 켤레의 신발.

아니 현관에는 아니 들깐에는

아니 어느 시인의 가정에는

알전등이 켜질 무렵을

문수(文數)가 다른 아홉 켤레의 신발을.

내 신발은

십구문반(十九文半).

눈과 얼음의 길을 걸어

그들 옆에 벗으면

육문삼(六文三)의 코가 납작한

귀염둥아 귀염둥아

우리 막내둥아.

미소하는

내 얼굴을 보아라.

얼음과 눈으로 벽(壁)을 짜 올린

여기는

지상.

연민한 삶의 길이여.

내 신발은 십구문반(十九文半).

아랫목에 모인

아홉 마리의 강아지야

강아지 같은 것들아.

굴욕과 굶주림과 추운 길을 걸어

내가 왔다.

아버지가 왔다.

아니 십구문반(十九文半)의 신발이 왔다.

아니 지상에는

아버지라는 어설픈 것이

존재한다.

미소하는

내 얼굴을 보아라.

함께 있되 거리를 두어라

— 칼릴 지브란

함께 있되 거리를 두어라

하늘 바람이 너희 사이에서 춤추게 하라

서로 사랑하라

사랑하되 구속하지는 마라

너희 혼과 혼 사이에 출렁이는 바다를 두어라

서로 잔을 채우되 한쪽 잔만 마시지 마라

서로 빵을 나누되 한쪽 빵만 먹지 마라

함께 노래하고 춤추며 즐거워하되 서로 혼자 있게 하라

하나의 음악을 울리면서도 현악기의 줄들이 각기 따로 울리듯이

서로 가슴을 주되 가슴속에 묶어두지는 마라

오직 생명의 손길만이 너희 가슴을 가질 수 있으니

함께 서 있되 너무 가까이 서 있지는 마라

사원의 기둥들도 서로 떨어져 있고

참나무와 삼나무는 서로의 그늘 아래선 자랄 수 없으니.

다시 아이를 키운다면

— 다이애나 루먼스

만약에 다시 아이를 키운다면
아이 자존심을 먼저 세워주고
집은 나중에 세우리라.

아이와 손가락 그림을 더 많이 그리고
손가락으로 명령하는 일은 덜 하리라.
아이를 반듯하게 키우려고 덜 노력하고
아이와 하나 되려고 더 노력하리라.
시계에서 눈을 떼고
아이와 더 많이 눈을 맞추리라.

만약에 다시 아이를 키운다면
더 많이 가르치려고 애쓰지 않고
더 많이 관심 갖는 법을 배우리라.

자전거를 더 많이 타고
연도 더 많이 날리리라.
들판에서 더 많이 뛰놀고
별들도 더 오래 바라보리라.

더 많이 껴안고
더 적게 다투리라.
도토리 속의 떡갈나무를
더 자주 보리라.

덜 단호하고
더 많이 받아들이리라.
힘을 내세우는 사람이 아닌
사랑의 힘을 가진 사람으로 보이리라.

부모로서 해줄 단 세 가지

4 - 05

— 박노해

내가 부모로서 해줄 것은 단 세 가지였다

첫째는 내 아이가 자연의 대지를 딛고
동무들과 마음껏 뛰놀고 맘껏 잠자고 맘껏 해보며
그 속에서 고유한 자기 개성을 찾아갈 수 있도록
자유로운 공기 속에 놓아두는 일이다

둘째는 '안 되는 건 안 된다'를 새겨주는 일이다
살생을 해서는 안 되고
약자를 괴롭혀서는 안 되고
물자를 낭비해서는 안 되고
거짓에 침묵동조해서는 안 된다
안 되는 건 안 된다!는 것을
뼛속 깊이 새겨주는 일이다

셋째는 평생 가는 좋은 습관을 물려주는 일이다
자기 앞가림은 자기 스스로 해나가는 습관과
채식 위주로 뭐든 잘 먹고 많이 걷는 몸 생활과
늘 정돈된 몸가짐으로 예의를 지키는 습관과
아름다움을 가려보고 감동할 줄 아는 능력과
책을 읽고 일기를 쓰고 홀로 고요히 머무는 습관과
우애와 환대로 많이 웃는 습관을 물려주는 일이다

그러니 내 아이를 위해서 내가 할 유일한 것은
내가 먼저 잘 사는 것, 내 삶을 똑바로 사는 것이었다
유일한 자신의 삶조차 자기답게 살아가지 못한 자가
미래에서 온 아이의 삶을 함부로 손대려 하는 건
결코 해서는 안 될 월권행위이기에

나는 아이에게 좋은 부모가 되고자 안달하기보다
먼저 한 사람의 좋은 벗이 되고
닮고 싶은 인생의 선배가 되고
행여 내가 후진 존재가 되지 않도록
아이에게 끊임없이 배워가는 것이었다

그리하여 나는 그저 내 아이를

'믿음의 침묵'으로 지켜보면서

이 지구별 위를 잠시 동행하는 것이었다.

〈부모로서 해줄 단 세 가지〉 발췌

별 헤는 밤

— 윤동주

계절이 지나가는 하늘에는

가을로 가득 차 있습니다.

나는 아무 걱정도 없이

가을 속의 별들을 다 헤일 듯합니다.

가슴속에 하나둘 새겨지는 별을

이제 다 못 헤는 것은

쉬이 아침이 오는 까닭이요,

내일 밤이 남은 까닭이요,

아직 나의 청춘이 다하지 않은 까닭입니다.

별 하나에 추억과

별 하나에 사랑과

별 하나에 쓸쓸함과

별 하나에 동경과

별 하나에 시와

별 하나에 어머니, 어머니.

어머님, 나는 별 하나에 아름다운 말 한마디씩 불러봅니다.
소학교 때 책상을 같이했던 아이들의 이름과 패, 경, 옥, 이런
이국 소녀들의 이름과, 벌써 애기 어머니 된 계집애들의 이름과,
가난한 이웃 사람들의 이름과 비둘기, 강아지, 토끼, 노새, 노루,
'프랑시스 잠', '라이너 마리아 릴케' 이런 시인의 이름을 불러봅니다.

이네들은 너무나 멀리 있습니다.
별이 아스라이 멀듯이,

어머님,
그리고 당신은 멀리 북간도에 계십니다.

나는 무엇인지 그리워서

이 많은 별빛이 내린 언덕 위에

내 이름자를 써보고,

흙으로 덮어버리었습니다.

딴은 밤을 새워 우는 벌레는

부끄러운 이름을 슬퍼하는 까닭입니다.

그러나 겨울이 지나고 나의 별에도 봄이 오면

무덤 위에 파란 잔디가 피어나듯이

내 이름자 묻힌 언덕 위에도

자랑처럼 풀이 무성할 게외다.

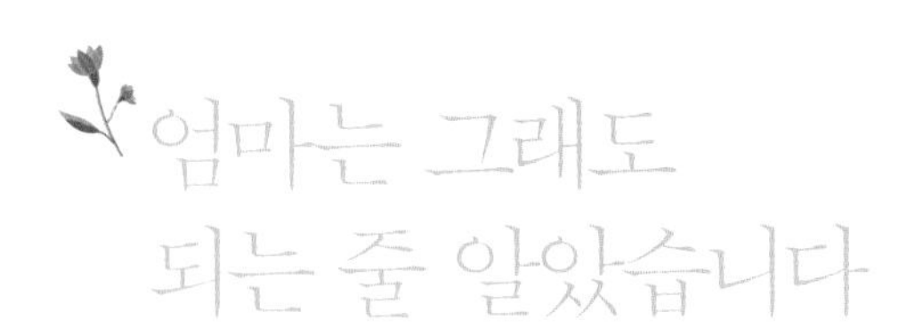

엄마는 그래도 되는 줄 알았습니다

— 심순덕

엄마는 그래도 되는 줄 알았습니다
하루 종일 밭에서 죽어라 힘들게 일해도

엄마는 그래도 되는 줄 알았습니다
찬밥 한 덩이로 대충 부뚜막에 앉아 점심을 때워도

엄마는 그래도 되는 줄 알았습니다
한겨울 냇물에 맨손으로 빨래를 방망이질해도

엄마는 그래도 되는 줄 알았습니다
배부르다 생각 없다 식구들 다 먹이고 굶어도

엄마는 그래도 되는 줄 알았습니다
발뒤꿈치 다 헤져 이불이 소리를 내도

엄마는 그래도 되는 줄 알았습니다
손톱이 깎을 수조차 없이 닳고 문드러져도

엄마는 그래도 되는 줄 알았습니다
아버지가 화내고 자식들이 속 썩여도 전혀 끄떡없는

엄마는 그래도 되는 줄 알았습니다
외할머니 보고 싶다
외할머니 보고 싶다, 그것이 그냥 넋두리인 줄만—

한밤중 자다 깨어 방구석에서 한없이 소리 죽여 울던
엄마를 본 후론
아!
엄마는 그러면 안 되는 것이었습니다.

꽃을 보려면

수 4 - 08

— 정호승

꽃씨 속에 숨어 있는
꽃을 보려면
고요히 눈이 녹기를 기다려라

꽃씨 속에 숨어 있는
잎을 보려면
흙의 가슴이 따뜻해지기를 기다려라

꽃씨 속에 숨어 있는
어머니를 만나려면
들에 나가 먼저 봄이 되어라

꽃씨 속에 숨어 있는

꽃을 보려면

평생 버리지 않았던 칼을 버려라.

— 윌리엄 워즈워스

골짜기와 언덕 위를 떠도는
구름처럼 정처 없이 떠돌다가
문득 나 보았네.
떼 지어 활짝 핀 황금빛 수선화가
호숫가에 줄지어 선 나무 밑에서
옅은 바람에 하늘하늘 춤추는 것을.

밤하늘에 반짝이는 은하수의 강줄기처럼
수선화는 강기슭에
끝없이 늘어서 있었네.
나는 한눈에 보았네, 고개를 살랑대며
흥겹게 춤추는 한 무리의 수선화를.

호수도 옆에서 춤을 추지만
반짝이는 물결보다 더욱 흥겹던 수선화.
벗들과 이렇게 즐거이 어울릴 때
흐뭇하지 않을 시인이 어디 있으랴.
나는 그저 보고 또 바라볼 뿐
그 광경이 얼마나 값진 것임을 미처 몰랐네.

어쩌다 하염없이 또는 시름에 잠겨
자리에 누워 있으면
수선화는 내 마음속에 떠오르는
고독의 축복.
그럴 때면 내 가슴 기쁨에 넘쳐
수선화와 더불어 춤을 추네.

{{{ 베끼고 싶은 글 }}}

마음에 드는 시를 옮겨 적거나 내가 지은 시를 아이에게 전하세요.

대지는 인간의 어머니

♧ 4 - 10

— 시애틀 추장

햇살에 반짝이는 소나무, 모래사장, 검은 숲에 걸린 안개, 눈길 닿는 모든 곳, 윙윙거리는 꿀벌 한 마리까지도 우리의 기억과 가슴속에서 모두 신성합니다. 나무에서 솟아오르는 수액은 우리 붉은 얼굴의 사람들 기억 속에 고스란히 살아 있습니다.

우리는 대지의 일부분이며, 대지는 우리의 일부분입니다. 들꽃은 누이이고, 순록과 말과 독수리는 형제입니다. 강의 물결과 초원에 핀 꽃들의 수액, 조랑말과 인간의 땀은 모두 하나입니다. 모두가 같은 부족, 우리의 부족입니다.

공기 또한 더없이 소중한 것임을 알아야 합니다. 살아 있는 모든 것들에 숨결을 불어넣는 것이 공기이며, 매일 아침 우리를 맞이하는 것도 공기입니다. 바람은 나의 할아버지에게 첫 숨과 마지막 숨을 주었습니다. 우리 아이들에게도 생명을 불어다 줄 것입니다.

세상의 모든 것은 하나로 이어져 있습니다. 대지에서 일어나는 일은 대지의 아들들에게도 일어납니다. 사람이 삶의 거미줄을 짜 나가는 것이 아니라 사람 역시 한 올의 거미줄에 불과합니다. 거미줄에 가하는 행동은 반드시 그 자신에게 되돌아오게 마련입니다.

당신의 아이들에게 가르쳐야 합니다, 우리가 발을 딛고 있는 이 땅은 조상의 육신과 같은 것이라고. 대지를 존중해야 합니다. 대지가 기름져야 우리의 삶도 풍요롭다는 진리를 알려야 합니다. 우리가 우리 아이들에게 하듯 당신의 아이들에게도 대지가 어머니라는 사실을 가르쳐야 합니다. 대지에 가하는 일은 대지의 자식들에게 그대로 전해집니다. 사람이 땅을 파헤치면 자신의 삶도 파헤치는 꼴입니다. 우리는 압니다. 대지가 인간에게 속한 것이 아니라, 인간이 오히려 대지에 속해 있습니다. 그것을 우리는 압니다.

◎ 연설문 〈어떻게 공기를 사고파느냐〉 발췌

눈 오는 밤

4 - 11

— 이원조

눈 오는 밤이면 끝없이 뻗은 큰길을 걷는 것이 좋다. 가등(街燈)은 모두 눈물에 어린 눈동자처럼 흐리고 하늘은 부풀어 오른 솜꽃같이 지평선에 드리운 밤길을 유령과 같이 혼자서 걷는 것이 좋다.

이러한 길을 걸을 때는 누구와 더불어 이야기하는 것도 너무 번잡한 노릇이다. 발밑에서 바사삭바사삭 눈 다져지는 소리를 들으면서 나는 내 혈관이 가을물처럼 맑아지는 것을 깨닫는 때문이다.

이렇게 걸어가다가 다리가 지쳐지면 나는 그제서야 비로소 길가에 작은 등불이 깜박거리는 술집을 찾아드는 것이다. 되도록은 독한 술을 달래서 권하는 이 없이 잔을 거듭하노라면 대개는 저쪽 '복스'에 '과거'를 모를 협수룩한 늙은이가 역시 혼자서 술잔을 기울이고 앉았는 것이다.

나는 수수께끼와 같은 그 노인의 '과거'를 푸는 동안에 밤은 한없이 깊어가고 바깥에서는 여전히 함박눈이 소리 없이 내린다.

이러한 하룻밤에 맛보는 보헤미안 취미는 또한 행복된 일순간이기도 하다.

〈눈 오는 밤〉 발췌

수 4-12

— 톨스토이

저는 깨달았습니다. 사람이 살아가는 것은 자기 스스로 잘 헤쳐 나가서가 아니라 사랑이 있어서입니다. 얼마 전 그 어머니는 자기 아이들이 살아가는 데 무엇이 필요한지 알지 못했습니다. 부자도 자신에게 무엇이 필요한지 몰랐습니다. 아무도 부자에게 멋진 구두 대신 죽은 사람에게 신기는 단화가 필요하리라고 짐작하지 못했습니다. 제가 아무 힘없는 사람이 되어서도 무사히 살 수 있었던 건, 어찌 사나 스스로 걱정해서가 아니라 사랑의 마음을 지닌 부부가 지나다가 저를 불쌍히 여겨 보살펴준 덕입니다.

인간이 세상을 살아갈 수 있는 건 각자 애를 써서라기보다 그들 안에 사랑이 있기 때문입니다. 하느님께서 인간에게 생명을 주시며 더불어 살아가길 바라셨음은 이미 알았지만, 이번에 하나 더 깨달았습니다. 하느님께서는 인간이 하나 되어 살기를 원하시기 때문에 각자에게 필요한 것보다 우리 모두를 위해 무엇이 필요한지 알려주시려 한다는 것입니다.

이제야말로 진정 알았습니다. 사람들은 제 스스로 알아서 살아간다고 여기지만 실은 사랑 속에서 살아가는 것입니다. 사랑의 마음으로 사는 사람은 하느님 안에서 사는 것이고, 하느님은 그 사람 안에 계십니다. 하느님은 사랑이시기 때문입니다.

〈사람은 무엇으로 사는가〉 발췌

손끝으로 만나는 세상

— 헬렌 켈러

얼마 전 친한 친구를 만났을 때, 그는 마침 숲을 오래 산책하고 돌아온 참이었습니다. 나는 무엇을 보았느냐고 물었습니다.

"별거 없어."

그런 대답에 익숙하지 않았다면 나는 절대 그럴 리 없다고 여겼을 거예요. 하지만 이미 오래 전부터 두 눈이 멀쩡한 사람들이 오히려 보는 게 별로 없다는 사실을 눈치 챘습니다. 어떻게 한 시간이나 숲을 거닐면서 별다른 걸 못 봤을까요? 앞을 못 보는 나도 촉감만으로 수백 가지 흥미로운 점을 찾아내는데 말입니다. 손끝으로 오묘한 나뭇잎의 생김새를 느끼고, 은빛 자작나무의 부드러운 껍질과 소나무의

거칠면서도 울퉁불퉁한 껍질도 만져봅니다. 봄이면 겨울잠에서 깨어나 기지개를 켜는 자연의 첫 신호를 확인하려고 나뭇가지를 더듬으며 어린 새순을 찾기도 하지요. 부드러운 꽃송이를 만지며 기뻐하다가 놀라운 나선 구조도 알아챕니다. 경이로운 자연은 이처럼 내게 느닷없이 모습을 드러냅니다. 운이 좋다면 작은 나무에 손을 올려놓고, 목청껏 노래하는 새의 행복한 떨림을 느끼기도 합니다. 손가락 사이로 달아나는 냇물의 즐거움도, 수북이 쌓인 솔잎이나 빽빽이 자란 잔디의 푹신함도 느낄 수 있지요. 끝없이 이어지는 계절의 장관은 가슴 벅찬 드라마이며 생동감이 손가락 끝을 타고 흘러내립니다.

때로 이 모든 것을 보고 싶은 열망이 가슴 가득히 차오릅니다. 만져보는 것만으로도 이렇게나 기쁜데 눈으로 보는 세상은 얼마나 더 아름다울까! 그렇지만 볼 수 있다고 해서 제대로 다 보는 것 같지는 않습니다. 사람들은 세상을 가득 채운 색채와 움직임의 파노라마를 당연하게만 여깁니다. '시각'이라는 선물로 삶을 충만하게 채우기보다 편리함만 누리려는 모습이 참 안타깝습니다.

내가 단 사흘만 볼 수 있다면, 가장 보고 싶은 게 무엇인지 상상하면서 시력의 소중함을 얘기해보고 싶습니다.

첫째 날은 몹시 바쁠 것 같습니다. 사랑하는 친구들을 모두 불러 모아 오래오래 얼굴을 들여다보며 내면에 깃든 아름다움의 증거를 가슴에 새길 겁니다. 또 아기 얼굴을 바라보며 인간이 살아가면서 겪는 갈등을 알지 못하는 순진무구한 아름다움도 놓치지 않을 것입니다.

내 충직하고 믿음직한 개 두 마리의 눈도 들여다볼 것입니다. 스코티 종 다키는 용감하고 빈틈없는 친구이고, 건장하고 유순한 그레이트데인 종 헬가는 따뜻하고 부드럽고 재미있어서 내게 많은 위안을 준답니다.

바쁜 첫째 날, 작고 아담한 내 집도 돌아보고 싶습니다. 내가 밟고 있는 양탄자의 따뜻한 색깔, 벽에 걸린 그림들, 집 안을 아기자기 꾸미고 있을 장식물들도 보고 싶네요. 내가 읽은 점자책들을 경건하게 바라보겠지만, 보통 사람들이 읽는 책에도 흥미를 갖겠지요. 기나긴 밤과도 같았던 내 인생에서 누군가 읽어준 책과 내가 읽은 책은 인간의 삶과 영혼의 깊고 어두운 길을 밝혀주는 빛나는 등대였으니까요.

오후가 되면 오래도록 숲을 산책하며 자연의 아름다움에 흠뻑 취할 것입니다. 눈이 보이는 사람들에겐 끝없이 펼쳐져 보이는 자연의 장대한 영광을 단 몇 시간 안에 최대한 흡수하기 위해 애쓰겠습니다.

돌아오는 길에 가까운 농장에서 밭을 가는 말들과(어쩌면 트랙터만 보게 될지도 모르지만!) 흙과 함께 살아가는 농부들의 즐거움도 느껴보겠습니다. 또 찬란하고 아름다운 저녁놀까지 볼 수 있다면 더 바랄 게 없습니다.

자연이 어둠을 선언했을 때도 인간의 천재성은 인공적인 빛을 만들어 세상을 계속 밝혔습니다. 땅거미가 내리면 나는 비로소 인간이 만든 빛의 세상을 처음 경험하고 두 배의 기쁨을 누리게 될 겁니다.

첫째 날 밤, 나는 기억들로 머릿속이 가득 차 잠을 이룰 수가 없을 겁니다.

첫날은 친구들과 동물들에게 바쳤습니다. 둘째 날은 인간과 자연의 역사를 공부하는 데 보냈습니다. 셋째 날인 오늘은 실재 세계에서 일하며 살아가는 사람들을 구경하며 보낼까 합니다.

〈사흘만 볼 수 있다면〉 발췌

나의 가장 행복했던 시절

수 4 - 14

— 김환태

사방을 산이 빽 둘러쌌다. 아침에 해도 겨우 기어오르는 병풍 같은 덕유산 준령에서 시내가 흘러나와 동리 앞 남산 기슭을 씻고, 새벽달이 쉬어 넘는 강선대 밑을 휘돌아 나간다.

봄에는 남산에 진달래가 곱고, 여름에는 시냇가 버드나무 숲이 깊고, 가을이면 멀리 적성산에 새빨간 불꽃이 일고, 겨울이면 산새가 동리로 눈보라를 피해 찾아온다.

나는 그 속의 한 소년이었다. 사발고의를 입고 사철 맨발을 벗고 달음질로만 다녔기 때문에 돌부리에 채여 발가락에 피가 마르는 때가 없었으나 아픈 줄도 몰랐다. 여울에서 징게미뜨기와, 덤불에서 뱁새 잡기를 좋아하여 낮에는 늘 산과 물가에서만 살았고, 밤에는 씨름판에 가 날을 새웠다.

어떤 날 나는 처음으로 풀을 뜯기러 소를 몰고 들로 나갔다. '이랴 어저저저' 하며 고삐만 이리저리 채면 그 큰 몸뚱이를 한 짐승이 내 마음대로 제어되는 것이 나의 조그마한 자만심을 간지럽혀주었다.

소가 풀을 우둑우둑 뜯을 때 그 향기가 몹시 좋았다. 그 그림자 속에 소풍경 소리가 맑았다.

나는 해가 지는 줄을 몰랐다. 이웃집 영감님이 재촉하지 않았다면 밤이 깊은 줄도 몰랐을 것이다. 집에 돌아왔을 때는 아주 날이 깜깜하였다. 모두들 마루에 불을 달아놓고 저녁도 먹지 못하고 걱정 속에 나를 기다리고 있었다.

"왜 이렇게 늦게 오느냐" 하고 어머님이 꾸중을 하셨다. 그러나 나는 입술을 무신 어머님의 이 사이로 웃음이 터져 나오는 것을 보았다. 어머님은 얼굴에 더 노여움을 가장하려고 하시나 밑에서 피어오르는 기쁨을 억제할 길이 없으신 모양이었다. 끝끝내 웃으시고야 말았다. 그리고 이렇게 칭찬까지 하셨다.

"우리 환태가 이젠 다 컸구나."

이 시절이 나의 가장 행복했던 시절, 내 마음의 고향이다. 돌아가신 어머님 생각이 날 때면, 그 시절을 생각한다. 그리고 소를 생각한다. 고향이 그리울 때면 그 시절이 그립다. 그리고 소가 그립다.

〈그리운 시절〉 발췌

위대한 꼴찌

— 박완서

선두 주자가 드디어 결승점 전방 10미터, 5미터, 4미터, 3미터, 골인! 하는 아나운서의 숨 막히는 소리가 들리고 군중의 우레와 같은 환호성이 들렸다.

비로소 1등을 한 마라토너는 이미 이 삼거리를 지난 지가 오래라는 걸 알 수 있었다. 이 삼거리에서 골인 지점까지는 몇 킬로미터나 되는지 자세히는 몰라도 상당한 거리다. 그런데도 아직까지 통행이 금지된 걸 보면 후속 주자들이 남은 모양이다. 꼴찌에 가까운 주자들이.

그러자 나는 그만 맥이 빠졌다. 나는 영광의 승리자의 얼굴을 보고 싶었던 것이지 비참한 꼴찌의 얼굴을 보고 싶었던 건 아니었다.

또 차들이 부르릉대며 들먹이기 시작했다. 차들도 기다리기가 지루해서 짜증을 내고 있었다. 다시 날카로운 호루라기 소리가 들리고 저만치서 푸른 유니폼을 입은 마라토너가 나타났다.

삼거리를 지켜보고 있던 여남은 구경꾼조차 라디오방으로 몰려 우승자의 골인 광경, 세운 기록 등에 귀를 기울이느라 아무도 그에게 관심을 갖지 않았다. 나도 무감동하게 푸른 유니폼이 가까이 오는 것을 바라보면서 저 사람은 몇 등쯤일까, 20등? 30등?—저 사람이 세운 기록도 누가 자세히 기록이나 해줄까? 대강 이런 생각을 했다. 그리고 그 20등, 아니면 30등의 선수가 조금쯤 우습고, 조금쯤 불쌍하다고 생각했다.

푸른 마라토너는 점점 더 나와 가까워졌다. 드디어 나는 그의 표정을 볼 수 있었다.

나는 그런 표정을 생전 처음 보는 것처럼 느꼈다. 여직껏 그렇게 정직하게 고통스러운 얼굴을, 그렇게 정직하게 고독한 얼굴을 본 적이 없다. 가슴이 뭉클하더니 심하게 두근거렸다. 그는 20등, 30등을 초월해서 위대해 보였다. 지금 모든 환호와 영광은 우승자에게 있고 그는 환호 없이 달릴 수 있기에 위대해 보였다.

나는 그를 위해 뭔가 하지 않으면 안 된다고 생각했다. 왜냐하면 내가 좀 전에 그의 20등, 30등을 우습고 불쌍하다고 생각했던 것처럼 그도 자기의 20등, 30등을 우습고 불쌍하다고 생각하면서 엣다 모르겠다 하고 그 자리에 주저앉아 버리면 어쩌나, 그래서 내가 그걸 보게 되면 어쩌나 싶어서였다.

어떡하든 그가 그의 20등, 30등을 우습고 불쌍하다고 느끼지 말아야지 느끼기만 하면 그는 당장 주저앉게 돼 있었다. 그는 지금 그가 괴롭고 고독하지만 위대하다는 걸 알아야 했다. 나는 용감하게 인도에서 차도로 뛰어내리며 그를 향해 열렬한 박수를 보내며 환성을 질렀다.

나는 그가 주저앉는 걸 보면 안 되었다. 나는 그가 주저앉는 걸 봄으로써 내가 주저앉고 말 듯한 어떤 미신적인 연대감마저 느끼며 실로 열렬하고도 우렁찬 환영을 했다.

내 고독한 환호에 딴 사람들도 합세를 해주었다. 푸른 마라토너 뒤에도 또 그 뒤에도 주자는 잇따랐다. 꼴찌 주자까지를 그렇게 열렬하게 성원하고 나니 손바닥이 붉게 부풀어올라 있었다.

그러나 뜻밖의 장소에서 환호하고픈 오랜 갈망을 마음껏 풀 수 있었던 내 몸은 날듯이 가벼웠다.

〈꼴찌에게 보내는 갈채〉 발췌

깊어가는 가을 길목에서

— 이효석

갈퀴를 손에 들고는 어느 때까지든지 연기 속에 우뚝 서서, 타서 흩어지는 낙엽의 산더미를 바라보며 향기로운 냄새를 맡고 있노라면, 별안간 맹렬한 생활의 의욕을 느끼게 된다. 연기는 몸에 배서 어느 결엔지 옷자락과 손등에서도 냄새가 나게 된다. 나는 그 냄새를 한없이 사랑하면서 즐거운 생활감에 잠겨서는, 새삼스럽게 생활의 제목을 진귀한 것으로 머릿속에 띄운다. 음영과 윤택과 색채가 빈곤해지고, 초록이 전혀 그 자취를 감추어버린, 꿈을 잃은 허전한 뜰 한복판에 서서, 꿈의 껍질인 낙엽을 태우면서 오로지 생활의 상념에 잠기는 것이다.

가난한 벌거숭이의 뜰은 벌써 꿈을 꾸기에는 적당하지 않은 탓일까? 화려한 초록의 기억은 참으로 멀리 까마득하게 사라져버렸다. 벌써 추억에 잠기고 감상에 젖어서는 안 된다. 가을이다! 가을은 생활의 계절이다. 나는 화단의 뒷자리를 깊게 파고, 다 타버린 낙엽의 재를 —죽어버린 꿈의 시체를—땅속에 깊이 파묻고, 엄연한 생활의 자세로 돌아서지 않으면 안 된다. 이야기 속의 소년같이 용감해지지 않으면 안 된다.

전에 없이 혼자 목욕물을 긷고, 혼자 불을 지피게 되는 것도, 물론 이런 감격에서부터다. 호스로 목욕통에 물을 대는 것도 즐겁거니와, 고생스럽게 눈물을 흘리면서 조그만 아궁이에 나무를 태우는 것도 기쁘다. 어두컴컴한 부엌에 웅크리고 앉아서, 새빨갛게 피어오르는 불꽃을 어린아이의 감동을 가지고 바라본다. 어둠을 배경으로 하고 새빨갛게 타오르는 불은, 그 무슨 신성하고 신령스런 물건 같다. 얼굴을 붉게 태우면서 긴장된 자세로 웅크리고 있는 내 꼴은 흡사 그 귀중한 선물을 프로메테우스에게서 막 받았을 때의 그 태곳적 원시의 그것과 같을는지 모른다. 나는 새삼스럽게 마음속으로 불의 덕을 찬미하면서 신화 속의 영웅에게 감사의 마음을 바친다.

좀 있으면 목욕실에는 자욱하게 김이 오른다. 안개 깊은 바다의 복판에 잠겼다는 듯이 동화 감정으로 마음을 장식하면서 목욕물 속에 전신을 깊숙이 잠글 때 바로 천국에 있는 듯한 느낌이 난다. 지상천국은 별다른 곳이 아니라, 늘 들어가는 집 안의 목욕실이 바로 그것인 것이다. 사람은 물에서 나서 결국 물속에서 천국을 구하는 것이 아닐까?

물과 불, 이 두 가지 속에 생활은 요약된다. 시절의 의욕이 가장 강렬하게 나타나는 것은 이 두 가지에 있어서다. 어느 시절이나 다 같은 것이기는 하나, 가을부터의 절기가 가장 생활적인 까닭은 무엇보다도 이 두 가지 원소의 즐거운 인상 위에 서기 때문이다. 난로는 새빨갛게 해야 하고, 화로의 숯불은 이글이글 피어야 하고, 주전자의 물은 펄펄 끓어야 된다.

책상 앞에 붙은 채 별일 없으면서도 쉴 새 없이 궁싯거리고 생각하고 괴로워하면서, 생활의 일이라면 촌음을 아끼고, 가령 뜰을 정리하는 것도 소비적이니 비생산적이니 하고 멸시하던 것이, 도리어 그런 생활적 사사(些事)에 창조적, 생산적인 뜻을 발견하게 된 것은 대체 무슨 까닭일까. 시절의 탓일까. 깊어가는 가을, 이 벌거숭이의 뜰이 한층 산 보람을 느끼게 하는 탓일까.

〈낙엽을 태우면서〉 발췌

사계절의 멋

— 세이 쇼나곤

봄은 동틀 무렵.

밝은 빛이 서서히 퍼져 산 능선이 하얘진다. 그 위로 보랏빛 구름의 띠가 떠 있는 모습이 멋있다.

여름은 밤.

달이 뜨면 더할 나위 없겠고, 칠흑 같은 밤이라도 반딧불이가 반짝이며 여기저기 날아다니는 광경이 보기 좋다. 달랑 한두 마리가 희미한 빛을 내며 지나가도 운치 있다. 비 오는 밤도 좋다.

가을은 해질녘.

석양에 비친 산봉우리가 가까이 보일 때 까마귀가 서너 마리나 두 마리씩 짝을 지어 둥지로 날아가는 광경에는 가슴이 뭉클해진다. 기러기가 저 멀리서 줄을 지어 날갯짓하는 풍경은 한층 더 정취가 있다.

해가 진 후 귓가를 스치는 바람 소리나 벌레 소리도 기분 좋다.

겨울은 새벽녘.

눈이 내리면 더없이 좋고, 서리가 하얗게 내려도 멋있다. 추위가 매서운 날 급히 피운 숯을 들고 총총거리는 모습은 나름대로 겨울에 어울리는 풍경이다. 이때 숯을 뜨겁게 피우지 않으면 화로 속이 금방 흰 재로 변해버려 좋지 않다.

《마쿠라노소시》 발췌

딸에게 주는 자장가

어화 내 딸이야 둥둥 내 딸이야

꽃같이 구슬같이

엄마 품에 안겨 새록새록 잠든다

어화 내 딸이야 둥둥 내 딸이야

곤지곤지 잼잼 잘도 놀다가

까무루룩 혼자 잠이 든다

어화 내 딸이야 둥둥 내 딸이야

자장자장 착하고 예쁜 내 딸

잘도 잠든다

고모네 집에 갔더니

고모네 집에 갔더니

암탉수탉 잡아서

맛있게 만들어

나 한 입 안 주고

우리 집에 와봐라

주나 봐라

{{{ 엄마가 쓰는 편지 }}}

사랑하는 땡이야

오늘은 병원 검진이 있는 날이라 땡이 얼굴 보고 왔지요. ^^
처음에는 아주 작은 콩알 같더니…… 어느덧 이제는 초음파 화면에 꽉 차는구나.
매번 병원에 갈 때마다 힘차게 뛰고 있는 네 심장 소리를 듣고 나서야 마음이 놓인단다. 엄마가 특별히 해준 것도 없는데 건강하게 잘 자라고 있어줘서 고맙고, 또 고맙다.
집에 와서는 배냇저고리에 수건, 속싸개, 이불을 몽땅 빨아 널었단다.
우리 땡이 만날 준비 한 가지를 더 한 거지. 그러고 나니 이제 조금씩 더 실감이 나네.
처음에는 널 위한 것이 비싼 옷을 사고 좋은 이불에 고가의 출산, 육아용품을 구입하는 거라고만 생각했는데, 지금은 그런 것보다 엄마, 아빠의 행복하고 감사한 마음가짐과 건강한 널 기다리는 것이 더 중요한 것임을 느낀단다.
땡이 만나는 날이 다가올수록 엄마도 아빠도 두렵고 떨리지만, 땡이가 엄마보다 더 힘들게 이 세상에 나오는 거 알고 있으니 용기 낼게.
사랑해~♡

땡이 엄마 이혜진

호르몬과 몸의 변화로 스트레스가 많이 쌓이는 임산부에게 명상은 좋은 마음 수련 방법이 될 수 있습니다. 명상의 실제적인 효과는 하버드 대학교의 연구 결과에 의해서도 과학적으로 입증되었어요. 명상을 하면 스트레스와 불안감이 줄고 우울하거나 변덕스러운 기분이 상쾌해진다고 합니다. 거기에 집중력을 향상시켜주고 심장 박동수와 호흡수를 늦춰주어 마음이 침착하고 평온해집니다. 엄마가 감정에 휩쓸리지 않고 건강하고 행복한 생각을 많이 할수록 배 속 아이도 긍정적이며 똑똑하게 큰다고 합니다. 배 속 아이와 함께 명상을 해보세요. 처음에는 1분 정도로 짧게 했다가 차츰 시간을 늘려갑니다.

복식호흡 명상하기

되도록 공기가 상쾌한 이른 아침 명상을 합니다.

1. 먼저 바닥에 편하게 앉아 목과 어깨 근육의 긴장을 최대한 풀어줍니다. 팔은 가볍게 다리 위로 얹고 허리는 쭉 폅니다.
2. 코로 천천히 숨을 깊게 들이쉬어 배를 앞으로 볼록하니 내밀며 천천히 셋까지 셉니다.
3. 배를 안으로 넣으며 자연스럽게 숨을 남김없이 내쉽니다.
4. 모든 잡념은 다 털어버리고 지금 이 순간, 호흡에만 집중하세요.

아기 명화 명상하기

이미지 명상은 생각을 하나로 모아 집중력을 높여주고 마음을 차분히 가라앉혀줍니다.

1. 명상을 하는 자리 바로 앞 시선의 정면에 좋아하는 아기 사진이나 아기 그림 명화를 붙여줍니다.
2. 들끓는 마음을 차분히 아래로 가라앉힌다는 생각을 하면서 복잡한 머릿속 생각을 내려놓고 오직 눈앞의 아기 그림만 바라봅니다.
3. 복식호흡을 하며 아기 그림 하나에만 집중하며 명상합니다.

소리 명상하기

몸통을 울리는 소리로 명상을 하는 방법은 여러 종교에서 실제 하고 있는 수련법입니다. 마음속에서 일어나는 부정적인 소리로부터 생각을 다른 데로 돌리게 해줍니다.

1. 눈을 감고 주변의 소리에 귀 기울여보세요. 바람 소리, 차 소리, 새소리 등 온갖 소리에 집중합니다.
2. 온 마음을 다해 좋아하는 문구나 아기 태명을 소리 내어 말하세요.
3. 소리의 진동을 민감하게 느끼며 내부의 부정적인 소리를 잠재우세요. 평화, 사랑이 충만한 마음가짐으로 내 목소리와 내 몸, 내 아이에게만 집중합니다.

편집자의 노트

지금으로부터 1년 전! 자녀교육서 첫 책으로 반드시 '태교' 책을 내리라 맘먹었습니다. 그 이유는 단 한 가지.
'엄마'라는 마음이 처음 들게 되는 시기가 임신했을 때라고 여겼기 때문입니다. 그러면서 엄마로서 육아책에 처음 관심 가졌을 때 제가 만든 책으로 만나게 하고 싶었습니다.
그때부터 태교 책을 만들기로 결심하고 시장조사 차원에서 제일 가까이에 있는 사내 임산부들부터 만나기 시작하였습니다. 직장인으로 태교에 시간을 많이 투자하지 못하는 점에서 좋은 대상이 될 거라고 생각했으며, 이와 반대로 육아에 관심 많은 엄마들은 어떻게 태교했을까를 비교하고 싶어 공동육아 하는 엄마들을 인터뷰했습니다.
이런 과정에서 우리는 어떤 책을 만들어야 할지 생각을 모았고 이때부터 저자와 함께 집필을 시작, 기적의 엄마단과 실제 임산부들로 이루어진 베타테스터를 통해 이 책을 완성하게 되었습니다.
출간 3개월 전부터는 독자기획단 엄마들과 함께 어떻게 이 책을 구성해야 될지 함께 고민하고 아이디어를 나누면서 진행하게 되었습니다. 이렇게 해서 만들어진 책이《엄마 마음, 태교》입니다.

돌아보니 이 책은 함께한 사람들이 많습니다. 기획부터 책 출간까지 1년이나 걸려, 한 명의 아가를 출산한 시간과 같습니다. 이 책을 참으로 열심히 기획한 이유에는 제대로 못해준 나의 아이들에 대한 미안함(?)도 있을 것입니다. 직장인으로 두 아이의 태교를 제대로 못한 그 시간에 대한 아쉬움이 이 책으로 승화된 것 같습니다.

이 책에 도움을 주신 분들(가나다순)께 다시 한 번 감사의 말씀을 전하겠습니다.
사내 임산부(당시) : 김미정, 신세진, 이은준, (아빠) 김학흥
공동육아 엄마단 : 김유진, 문재윤, 손보경
기적의 엄마단 : 권영미, 윤혜경, 이영민, 진선미
예비 엄마 베타테스터 : 강현화, 용상미, 이혜진, 전해리, 제갈설아, 최지연
독자기획단 1기 : 고현정, 권은숙, 배정인, 성희정, 이현영, 임은경, 진소연

그리고 이 땅의 모든 엄마들에게 감사의 말씀을 전합니다.

2015. 7

이 책에 수록된 글의 출처

| 1장 |

〈봄의 연가〉 이해인

| 2장 |

〈행복〉 유치환 / 〈남편〉 문정희 / 〈아름다운 손〉 장 지오노 저, 김경온 역, 《나무를 심은 사람》, 두레출판사 / 〈사랑이 와서〉 신경숙, 《아름다운 그늘》, 문학동네 / 〈나만의 비밀 장소〉 포리스트 카터 저, 조경숙 역, 《내 영혼이 따뜻했던 날들》, 아름드리미디어

| 3장 |

〈나는 좋아한다〉 피천득

| 4장 |

〈가정〉 박목월, 《박목월 시선》, 지만지 / 〈엄마는 그래도 되는 줄 알았습니다〉 심순덕 / 〈꽃을 보려면〉 정호승 / 〈부모로서 해줄 단 세 가지〉 박노해, 《그러니 그대 사라지지 말아라》, 느린걸음 / 〈위대한 꼴찌〉 박완서, 《꼴찌에게 보내는 갈채》, 세계사

동서양의 옛이야기는 이 책의 기획에 맞게 저자들이 새로 글을 썼습니다.

잠들기 전 30분, 행복을 읽고 쓰다!

엄마 마음, 태교

초판 1쇄 발행 | 2015년 7월 30일
초판 11쇄 발행 | 2020년 6월 25일

엮은이 | 이유민 · 강은정
발행인 | 이종원
발행처 | (주)도서출판 길벗
출판사 등록일 | 1990년 12월 24일
주소 | 서울시 마포구 월드컵로 10길 56(서교동)
대표 전화 | 02)332-0931 | 팩스 · 02)323-0586
홈페이지 | www.gilbut.co.kr | 이메일 · gilbut@gilbut.co.kr

기획 및 책임편집 | 최준란(chran71@gilbut.co.kr) | 디자인 · 강은경 | 제작 · 이준호, 손일순, 이진혁
영업마케팅 · 진창섭, 강요한 | 웹마케팅 · 조승모, 황승호 | 영업관리 · 김명자, 심선숙, 정경화
독자지원 · 송혜란, 홍혜진

편집진행 및 교정 · 전명희 | 전산편집 · 조수영 | 일러스트 · 오선주(viuviu)
오디오 녹음 · 와이알미디어 | 성우 · 석원희, 엄현정
CTP 출력 · 교보피앤비 | 인쇄 · 교보피앤비 | 제본 · 경문제책
독자기획단 1기 · 고현정, 권은숙, 배정인, 성희정, 이현영, 임은경, 진소연

ISBN 979-11-86659-12-0 03590
(길벗 도서번호 050100)

〈독자기획단〉이란 실제 아이들을 키우면서 느끼는 엄마들의 목소리를 담고자 엄마들과 공부하고 책도 기획하는 모임입니다. 엄마들과 함께 고민도 나누고 부모와 아이가 함께 행복해지는 자녀교육서, 자녀 양육과 훈육의 실질적인 지침서를 만들고자 합니다.

이럴 땐 이런 글 베스트 10

사랑이 충만해지고 싶을 때

: **시** : 봄의 연가 — 이해인
: **시** : 호수 — 정지용
: **시** : 사랑은 우리만의 역사 — 바브 업햄
: **시** : 인연설 — 한용운
: **시** : 꿈길 — 김소월
: **산문** : 목동의 별 — 알퐁스 도데
: **산문** : 사랑 사랑 내 사랑이야 — 작자 미상
: **산문** : 내가 좋아하는 달 — 나도향
: **산문** : 사랑이 와서 — 신경숙
: **산문** : 사랑으로 — 톨스토이

마음을 다지고 싶을 때

: **시** : 행복 — 유치환
: **시** : 비에 지지 않고 — 미야자와 겐지
: **시** : 다시 아이를 키운다면 — 다이애나 루먼스
: **시** : 엄마는 그래도 되는 줄 알았습니다 — 심순덕
: **시** : 별 헤는 밤 — 윤동주
: **산문** : 인디언 어머니의 기도 — 오히예사
: **산문** : 나만의 비밀 장소 — 포리스트 카터
: **산문** : 봄을 노래하다 — 헨리 데이비드 소로
: **산문** : 어머님을 그리다 — 박제가
: **산문** : 손끝으로 만나는 세상 — 헬렌 켈러

좋은 문장
따라 쓰는
필사노트
이유민, 강은정 엮고 쓰다

좋은 문장 따라 쓰는 필사노트

이유민, 강은정 엮고 쓰다

길벗

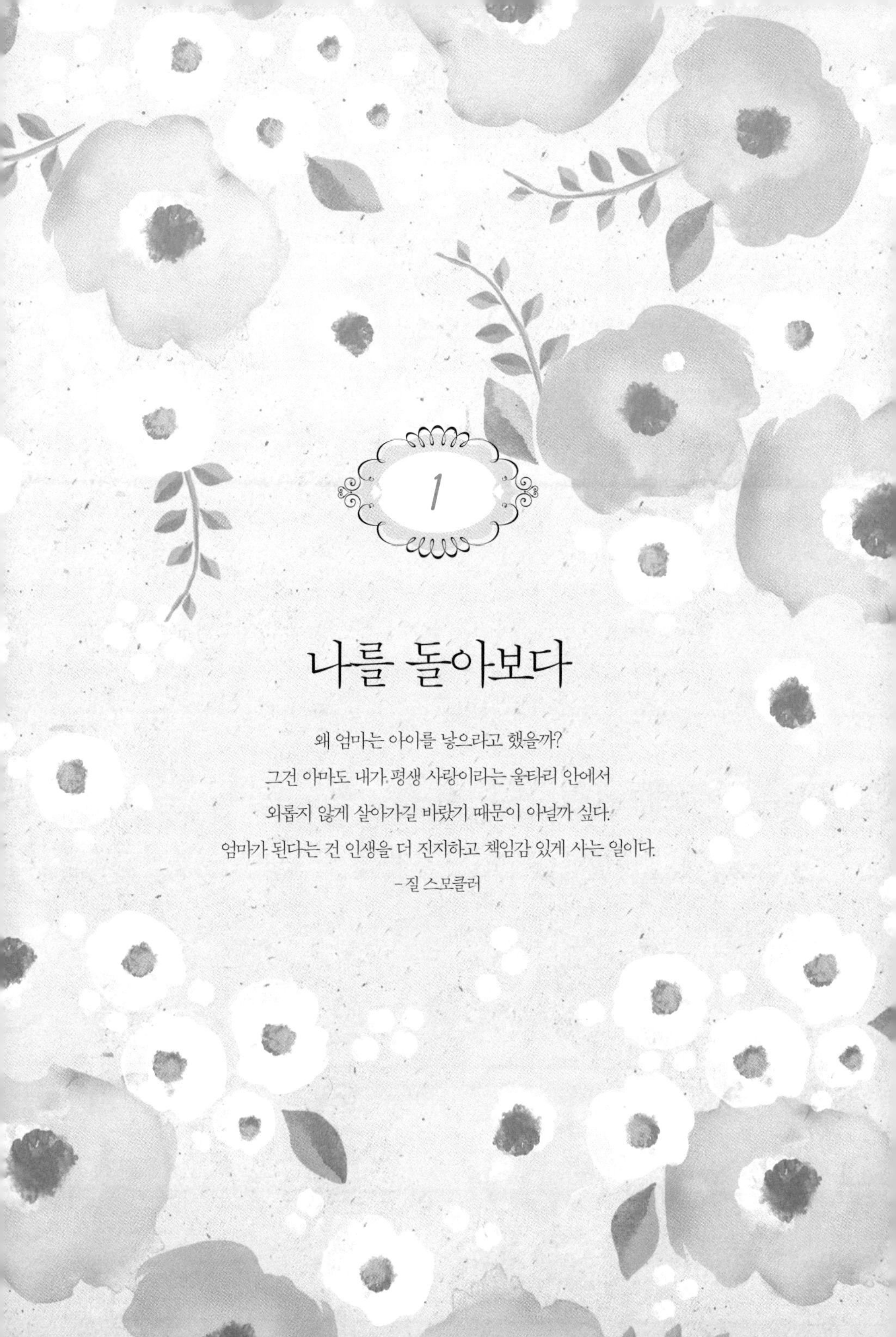

1

나를 돌아보다

왜 엄마는 아이를 낳으라고 했을까?
그건 아마도 내가 평생 사랑이라는 울타리 안에서
외롭지 않게 살아가길 바랐기 때문이 아닐까 싶다.
엄마가 된다는 건 인생을 더 진지하고 책임감 있게 사는 일이다.
–질 스모클러

두 눈을 감고 천천히 나의 어린 시절을 떠올려보세요. 즐거웠던 추억도 있을 테지만,
때로는 아프거나 힘들었던 기억도 있을 거예요. 아이에게 들려주듯 담담하게 적어보면 어떨까요?

많이 읽을 필요는 없어. 한 권의 책을 글자가 너덜너덜해질 때까지 읽으라고.
그러면 참된 '재미'를 알게 될 테니.
- 다카하시 아유무, 《러브 앤 프리》

2
나의 꿈을 말하다

나의 꿈을 써보세요. 이미 이룬 꿈은 기쁘고 뿌듯한 마음을 담아 써보고,
이루지 못한 꿈은 아쉬움을 담아 써보세요. 그리고 지금 나는 어떤 꿈을 꾸고 있나요?

인간은 읽으면서 충실해지고, 듣고 말하면서 영리해지며, 쓰면서 철저해진다.
- 프랜시스 베이컨, 《수상록》

3 나를 말하다

내가 생각하는 나, 배우자가, 가족들이, 친구들이, 이웃들이 바라보는 나는 어떤 모습일까요?
내가 좋아하는 모습, 속상한 모습, 대견한 모습 등을 생각해보세요.

중요한 것은 어머니 자신입니다. 엄마로서 즐겁고 행복한 생각만 하세요.
이건 이기적인 게 아니라 가장 훌륭한 태교입니다.
- 미황사 주지스님

만다라는 우주의 진리, 깨달음의 경지를 도형화한 그림을 말합니다. 만다라 색칠하기는
정성을 들이는 만큼 서서히 손끝에서 피어나는 아름다움에 몸과 마음이 정화되는 행위입니다.
색칠과 함께 복잡한 마음이 사라지는 경험을 해보세요.

색의 선택과 색칠하기는 내 마음의 투영입니다. 그때그때의 감정과 스트레스를
색연필 끝에 담아 자유롭게 표현해보세요. 마음 가는 대로 색을 선택해 색칠해가며
자신을 행복의 순간으로 이끌어가세요.

2
내가 사랑하는 것들
아이를 키울 때는 삽을 깊게 파는 것이 좋다.
그래야 뿌리가 상하지 않는다.
마음이 깊으면 닿지 않는 곳이 없다.
- 박경순

엄마가 먼저 부모님께 감사와 사랑의 편지를 써보세요.

사랑은 그저 만나는 것이었다. 만나서 뜨겁게 깊어지고 환하게 넓어져서
그 깊이와 그 넓이로 세상도 크게 한 번 껴안는 것이었다.
- 문정희, 〈물개의 집에서〉

아빠가 부모님께 감사와 사랑의 편지를 써보세요.

부모를 사랑하는 사람은 감히 다른 사람을 미워하지 않고,
부모를 공경하는 사람은 감히 다른 사람을 업신여기지 않는다.
-《효경》〈천자〉 편

엄마아빠가 머리를 맞대고 곧 태어날 아이와 매년 함께하고 싶은 버킷리스트를 적어보세요.
1년마다 버킷리스트를 실천했는지 체크하며 아이와 소중한 추억을 쌓아보세요.

우리 인생의 몇 년을 어린아이들에게 주어도 될 만큼 우리 인생은 충분히 길다.
- 스티브 비덜프(영국 아동심리학자)

만다라는 우주의 진리, 깨달음의 경지를 도형화한 그림을 말합니다. 만다라 색칠하기는
정성을 들이는 만큼 서서히 손끝에서 피어나는 아름다움에 몸과 마음이 정화되는 행위입니다.
색칠과 함께 복잡한 마음이 사라지는 경험을 해보세요.

색의 선택과 색칠하기는 내 마음의 투영입니다. 그때그때의 감정과 스트레스를
색연필 끝에 담아 자유롭게 표현해보세요. 마음 가는 대로 색을 선택해 색칠해가며
자신을 행복의 순간으로 이끌어가세요.

3

행복한 가정을 꿈꾸다

가정은 엄마 중심도 아빠 중심도 아닌, 부부 중심이 되어야 한다.
부모 역할을 배우고, 서로를 연구하고,
자녀를 위한 계획을 세우고,
좋은 아빠와 엄마의 기준을 정해야 한다.
최고의 교육 환경은 긍정적인 가정이다.
– 이호철

1 아가야, 네가 와서 참 좋다

"사랑받은 아이가 세상을 사랑하는 아이로 자란다"는 말이 있습니다.
태어날 아기에게 전하는 친척과 친구들의 축하와 축복의 말을 담아보세요.

내가 당신을 어떻게 사랑하느냐구요? 헤아려볼까요.
내 영혼이 닿을 수 있는 깊이만큼, 넓이만큼, 그 높이만큼 당신을 사랑합니다.
- 엘리자베스 배럿 브라우닝, 〈당신을 어떻게 사랑하느냐구요?〉

2
네 태몽을 들려줄게

우리 아기의 태몽 이야기를 전해주세요. 태몽은 엄마아빠가 직접 꾸기도 하지만, 조부모님이나 가까운 친지가 꿔주는 경우도 있대요. 태몽을 꾸었을 때의 특별했던 감정을 아기에게 들려주세요.

유대인 부모는 자식이 최고가 되기를 바라지 않고 독특한 재능을 가진 창의적인 학생이 되기를 바란다. best는 한 명뿐이지만 unique는 모든 학생이 될 수 있기 때문이다.
- 홍익희, 《아이는 유대인 부모처럼 키워라》

3 우리 가족 십계명

태어날 아기를 기다리며 아빠와 함께
화목한 가정을 위한 가족 십계명을 만들어보세요.

성숙해가며 얻어지는 지혜와 운명이라는 가지들은
가정이라는 커다란 나무에서만 성장해갈 수 있다.
- 페스탈로치

만다라는 우주의 진리, 깨달음의 경지를 도형화한 그림을 말합니다. 만다라 색칠하기는
정성을 들이는 만큼 서서히 손끝에서 피어나는 아름다움에 몸과 마음이 정화되는 행위입니다.
색칠과 함께 복잡한 마음이 사라지는 경험을 해보세요.

색의 선택과 색칠하기는 내 마음의 투영입니다. 그때그때의 감정과 스트레스를
색연필 끝에 담아 자유롭게 표현해보세요. 마음 가는 대로 색을 선택해 색칠해가며
자신을 행복의 순간으로 이끌어가세요.

4

부모가 바로 서다

행복은 적극적이고 생산적으로 그 길을 찾아 나가는 데서 온다.
자신이 스스로 빠져들고 있는 부정적 생각에서 벗어나
즐겁고 의미 있는 경험을 의도적으로 찾아야 한다.

– 신의진

1
이런 아빠가 되게

엄마가 바라는 아빠의 모습, 아빠 스스로 꿈꾸는 아빠의 모습을 적어보고
좋은 아버지의 모습을 이야기하는 시간을 가져보세요.

아이들이란 얼마나 신비한 존재인지. 내 몸을 통해서 세상에 나온 그들은 그 조그만 몸속에
무한한 가능성을 갖고 있나 보다. 아무리 봐도 그들은 부모들보다 훨씬 아름답고 튼튼한 존재들이다.
- 박혜란, 《믿는 만큼 자라는 아이들》

2
이런 엄마가 될게

아빠가 바라는 엄마의 모습, 엄마 스스로 꿈꾸는 엄마의 모습을 적어보고
좋은 어머니의 모습을 이야기하는 시간을 가져보세요.

엄마는 엄마인 동시에 다른 것을 욕망하는 여성이어야 한다. 성인이자 여성으로서 자신의 욕망을 건강하게 표현하지 못한 채 아이에게 집착할 때 아이를 끈적끈적한 사랑의 수렁 속에, 바깥 자궁 속에서 헤어나오지 못하게 한다. - 프랑수아즈 돌토(프랑스 정신분석가)

3 아가야, 귀 기울여 들어보렴

아이를 잘 키우고 싶은 엄마아빠의 마음을 담아
아이에게 들려주고 싶은 명언이나 좋은 글귀를 적어보세요.

만일 내가 어떤 사람에게 '나는 당신을 사랑한다'고 말할 수 있다면 '나는 당신을 통해 모든 사람을 사랑하고 당신을 통해 세계를 사랑하고 당신을 통해 나 자신도 사랑한다'고 말할 수 있어야 한다.
- 에리히 프롬, 《사랑의 기술》

만다라는 우주의 진리, 깨달음의 경지를 도형화한 그림을 말합니다. 만다라 색칠하기는
정성을 들이는 만큼 서서히 손끝에서 피어나는 아름다움에 몸과 마음이 정화되는 행위입니다.
색칠과 함께 복잡한 마음이 사라지는 경험을 해보세요.

색의 선택과 색칠하기는 내 마음의 투영입니다. 그때그때의 감정과 스트레스를
색연필 끝에 담아 자유롭게 표현해보세요. 마음 가는 대로 색을 선택해 색칠해가며
자신을 행복의 순간으로 이끌어가세요.

나이가 들면서 눈이 침침한 것은 필요 없는 작은 것은 보지 말고 필요한 큰 것만 보라는 것이며,
귀가 잘 안 들리는 것은 필요 없는 작은 말은 듣지 말고 필요한 큰 말만 들으라는 것이다.
- 정약용, 《목민심서》

다시 시작하라. 또 실패하라. 더 낫게 실패하라.
- 사무엘 베케트, 《고도를 기다리며》

내 영혼의 버팀대가 될 수 있는 것은 나의 의지와 결심이다.
그 사실을 알고 있다면 나는 행운을 알고 있는 사람이다.
- 쇼펜하우어, 《희망에 대하여》

세상일이란 내 자신이 지금 당장 겪고 있을 때는 견디기 어려울 만큼 고통스런 일도
지내놓고 보면 그때 그곳에 그 나름의 이유와 의미가 있었음을 뒤늦게 알아차린다.
- 법정, 〈모든 것은 지나간다〉

무엇을 시작하기에 충분할 만큼 완벽한 때는 없다.
- 왕저웨이 감독

가는 곳마다 자기 마음의 주인이 되면 그 자리가 모두 진리다.
-《임제록》

다른 사람들의 의견이 여러분 내면의 진정한 목소리를 방해하지 못하게 하십시오.
무엇보다도 마음과 직관을 따르는 용기를 가지십시오.
- 스티브 잡스

아낌없이 사랑하거라. 아낌없이 사랑받거라.
내 사랑하는 나의 아이야, 내 사랑하는 자연의 아이야.
-《뇌 태교 동화》

떨쳐 일어나야 할 때 일어나지 않고, 젊음만 믿고 힘쓰지 아니하고,
나태하여 마음이 약해 인형처럼 비굴하면 그는 언제나 어둠 속을 헤매리라.
-《법구경》

소금 3퍼센트가 바닷물을 썩지 않게 하듯이
우리 마음 안에 있는 3퍼센트의 좋은 생각이 우리 삶을 지탱하고 있는지 모릅니다.
- 작자 미상, 〈오늘 내가 헛되이 보낸 시간은〉

악한 일은 자신에게 해를 끼치지만 저지르기 쉽다.
착한 일은 자신에게 평화를 주지만 행하기가 어렵다.
-《법구경》

부모는 활이고 자식은 화살이다. 화살이 멀리 날아가려면 활의 몸이 많이 휘어져야 한다.
휘어지면서 아무리 힘들어도 그 고통을 견뎌야 한다.
- 정호승, 〈내 인생에 용기가 되어준 한마디〉

옳게 사는 법은 자기 주변 것을 다 버리더라도 자기 자신만은 버리지 않는 것이다.
가진 것을 다 버려도 너 자신만은 버리지 마라.
- 피천득

이 어린 생명들이 모든 방향으로 팽창해 나가고 있다는 생각을 하면 나는 전율을 느껴요.
우리 아이들에게는 모든 종류의 꽃을 피울 수 있는 가능성이 너무도 많아요.
- 진 웹스터, 《키다리 아저씨 그 후 이야기》

행복이란 무엇인가.
밖에서 오는 행복도 있겠지만 안에서 향기처럼, 꽃향기처럼 피어나는 것이 진정한 행복이다.
- 류시화, 《법정 잠언집》

사랑은 아름다운 꽃이다. 그러나 낭떠러지 끝에까지 가서 따야 하는 용기를 필요로 한다.
- 스탕달, 《연애론》

이 세상에서 가장 중요한 때는 바로 지금이고, 가장 필요한 사람은 바로 지금 내가 만나는 사람이고,
가장 중요한 일은 내 옆에 있는 사람에게 선을 행하는 일이다.
- 톨스토이, 〈세 가지 질문〉

누군가를 사랑한다는 것은 우리 인생과업 중에 가장 어려운 마지막 시험이다.
다른 모든 일은 그 준비작업에 불과하다.
- 라이너 마리아 릴케

군자의 교육은 바른 길로 이끌어주되 억지로 끌지 않으며,
북돋워주되 억지로 밀지 않으며 열어주되 통달시키지 않는다.
-《예기》

인생의 배낭에 하나밖에 가져갈 수 없다면?
감성을 택하겠습니다. 감성은 '자극에 대해 느낌이 일어나는 능력'을 말합니다.
- 임재성, 《처음부터 다시 시작할 수 있다면》

등불은 바람 앞에 흔들리는 인간의 마음과 같다.
-《팔만대장경》

문학의 주제를 한마디로 축약한다면 '어떻게 사랑하며 사는가'에 귀착됩니다.
동서고금의 모든 작가들이 결국 이 한 가지 주제를 전하기 위해 글을 썼다고 해도 과언이 아닙니다.
- 장영희, 《사랑할 시간이 그리 많지 않습니다》

잠들기 전 30분, 행복을 읽고 쓰다!

엄마 마음, 태교

초판 1쇄 발행 | 2015년 7월 30일
초판 11쇄 발행 | 2020년 6월 25일

엮은이 | 이유민 · 강은정
발행인 | 이종원
발행처 | (주)도서출판 길벗
출판사 등록일 | 1990년 12월 24일
주소 | 서울시 마포구 월드컵로 10길 56(서교동)
대표 전화 | 02)332-0931 | 팩스 · 02)323-0586
홈페이지 | www.gilbut.co.kr | 이메일 · gilbut@gilbut.co.kr

기획 및 책임편집 | 최준란(chran71@gilbut.co.kr) | 디자인 · 강은경 | 제작 · 이준호, 손일순, 이진혁
영업마케팅 · 진창섭, 강요한 | 웹마케팅 · 조승모, 황승호 | 영업관리 · 김명자, 심선숙, 정경화
독자지원 · 송혜란, 홍혜진

편집진행 및 교정 · 전명희 | 전산편집 · 조수영 | 일러스트 · 오선주(viuviu)
오디오 녹음 · 와이알미디어 | 성우 · 석원희, 엄현정
CTP 출력 · 교보피앤비 | 인쇄 · 교보피앤비 | 제본 · 경문제책
독자기획단 1기 · 고현정, 권은숙, 배정인, 성희정, 이현영, 임은경, 진소연

ISBN 979-11-86659-12-0 03590
(길벗 도서번호 050100)

◆◆◆◆◆◆◆◆◆◆◆◆◆◆◆◆◆◆◆◆◆◆

〈독자기획단〉이란 실제 아이들을 키우면서 느끼는 엄마들의 목소리를 담고자 엄마들과 공부하고 책도 기획하는 모임입니다. 엄마들과 함께 고민도 나누고 부모와 아이가 함께 행복해지는 자녀교육서, 자녀 양육과 훈육의 실질적인 지침서를 만들고자 합니다.

마음에 드는 문장이나 깨우침을 준 글, 인상적인 대목을 노트에 옮겨 적어보세요. 생각은 소리와 펜을 타고 이야기꽃을 피워냅니다. 온 가족이 함께 보거나 혼자 다시 들춰볼 때도 이야기는 매번 또 다른 꽃을 피우지요. 그렇게 피어난 꽃은 아름다운 가족의 역사이자 선물이 됩니다.
www.gilbut.co.kr
길벗
03590
9 791186 659120
ISBN 979-11-86659-12-0

이럴 땐 이런 글 베스트 10

용기가 필요할 때

- **시** : 축복의 기도 — 체로키 인디언의 기도문
- **시** : 진정한 여행 — 나짐 히크메트
- **시** : 새로운 길 — 윤동주
- **시** : 사막의 지혜 — 수피 우화시
- **시** : 꽃을 보려면 — 정호승
- **산문** : 아름다운 손 — 장 지오노
- **산문** : 대지는 인간의 어머니 — 시애틀 추장
- **산문** : 책 보는 것으로 즐거움을 삼다 — 이덕무
- **산문** : 미래의 희망 — 마틴 루터 킹
- **산문** : 위대한 꼴찌 — 박완서

남편과 함께 읽고 싶을 때

- **시** : 남편 — 문정희
- **시** : 사랑하게 하소서 — 작자 미상
- **시** : 뿌리가 나무에게 — 이현주
- **시** : 가정 — 박목월
- **시** : 부모로서 해줄 단 세 가지 — 박노해
- **산문** : 축복의 말 — 이스라엘 민담
- **산문** : 귀여운 것들 — 세이 쇼나곤
- **산문** : 꽃과 어린 왕자 — 생텍쥐페리
- **산문** : 사랑한다면 오리처럼 — 쥘 르나르
- **산문** : 나는 좋아한다 — 피천득

독자의 1초를 아껴주는 정성!

세상이 아무리 바쁘게 돌아가더라도
책까지 아무렇게나 빨리 만들 수는 없습니다.
인스턴트 식품 같은 책보다는
오래 익힌 술이나 장맛이 밴 책을 만들고 싶습니다.

길벗은 독자 여러분이
가장 쉽게, 가장 빨리 배울 수 있는 책을
한 권 한 권 정성을 다해 만들겠습니다.

독자의 1초를 아껴주는
정성을 만나보십시오.

미리 책을 읽고 따라해본 2만 베타테스터 여러분과
무따기 체험단, 길벗스쿨 엄마 2% 기획단,
시나공 평가단, 토익 배틀, 대학생 기자단까지!
믿을 수 있는 책을 함께 만들어주신 독자 여러분께 감사드립니다.